Zur Einführung.

Die Werkstattbücher behandeln das Gesamtgebiet der Werkstattstechnik in kurzen selbständigen Einzeldarstellungen; anerkannte Fachleute und tüchtige Praktiker bieten hier das Beste aus ihrem Arbeitsfeld, um ihre Fachgenossen schnell und gründlich in die Betriebspraxis einzuführen.

Die Werkstattbücher stehen wissenschaftlich und betriebstechnisch auf der Höhe, sind dabei aber im besten Sinne gemeinverständlich, so daß alle im Betrieb und auch im Büro Tätigen, vom vorwärtsstrebenden Facharbeiter bis zum leitenden Ingenieur Nutzen aus ihnen ziehen können.

Indem die Sammlung so den einzelnen zu fördern sucht, wird sie dem Betrieb als Ganzem nutzen und damit auch der deutschen technischen Arbeit im Wettbewerb der Völker.

Bisher sind erschienen:

Aufstellung der in Vorbereitung befindlichen Hefte s. 3. Umschlagseite.

Jedes Heft 48—64 Seiten stark, mit zahlreichen Textfiguren.

WERKSTATTBÜCHER
FÜR BETRIEBSBEAMTE, VOR- UND FACHARBEITER
HERAUSGEGEBEN VON EUGEN SIMON, BERLIN
HEFT 30

Gesunder Guß

Eine Anleitung für Konstrukteure und Gießer Fehlguß zu verhindern

Von

Prof. Dr. techn. Erdmann Kothny

Mit 125 Figuren im Text und 14 Tabellen

Berlin
Verlag von Julius Springer
1927

Inhaltsverzeichnis.

Seite

Einleitung 3

I. Wahl des Werkstoffes (Stoffgerechter Entwurf) 3

A. Allgemeine Richtlinien 3

B. Beurteilung der Werkstoffe 4
1. Physikalische und chemische Gütewerte S. 4. — 2. Mechanische Gütewerte S. 4. a) Zugversuch (Zugzerreißprobe) S. 5. b) Kerbschlagprobe (Kerbzähigkeit) S. 8. c) Kugeldruckversuch (Kugeldruckprobe) S. 9. d) Biegeprobe S. 10.

C. Eigenschaften und Auswahl der Werkstoffe 10
1. Grauguß S. 11. — 2. Temperguß S. 14. — 3. Stahlguß S. 15.

II. Rücksichtnahme auf die Kristallisations- und Abkühlungsvorgänge (Gießgerechter Entwurf) 17

A. Kristallisation und störende Nebenerscheinungen 18
1. Primäre und sekundäre Kristallisation S. 18. a) Stahlguß S. 20. b) Rohguß (Temperguß) S. 23. c) Grauguß S. 24. — 2. Kristall- und Blockseigerung S. 30. a) Kristallseigerung S. 30. b) Blockseigerung S. 31. — 3. Gasblasen und Gasblasenseigerung S. 33. — 4. Nichtmetallische Einschlüsse S. 36.

B. Schwindungsvorgänge und Folgeerscheinungen 38
1. Schwindung S. 38. — 2. Folgeerscheinungen S. 40. a) Lunker S. 40. b) Gußspannungen S. 47.

III. Form- und putzgerechter Entwurf 56

A. Rücksichten des Konstrukteurs auf die Gießerei 56
1. Grundregel für die Formgebung S. 56. — 2. Anpassung an das Formverfahren S. 57. — 3. Anpassung an die Form- und Putzkosten S. 58. a) Einfluß der äußeren Form auf die Formkosten S. 58. b) Teilung der Form S. 60. c) Entfernung des Modells aus der Form S. 60. d) Kernarbeit S. 61.

B. Vorkehrungen des Formers 64

IV. Rücksicht des Konstrukteurs auf die Kaltbearbeitung mit Schneidwerkzeugen (Werkzeuggerechter Entwurf) 67

ISBN 978-3-7091-3181-7 ISBN 978-3-7091-3217-3 (eBook)
DOI 10.1007/978-3-7091-3217-3

Einleitung.

Das vorliegende Heft beschäftigt sich mit der Frage der Herstellung von „gesundem“ Guß, und zwar sowohl von Grau- und Temperguß wie von Stahlguß. Als „gesund“ wird dabei derjenige Guß bezeichnet, der nach jeder Richtung hin seiner Güte nach einwandfrei ist und sich auf das billigste erzeugen läßt. Um zu diesem Ziel zu gelangen, müssen bei der Schaffung des Gußstückes die nachstehenden Bedingungen erfüllt werden:

1. Bei dem Entwurf muß der richtige Werkstoff gewählt werden (stoffgerechter Entwurf).

2. Bei dem Entwurf und bei der Fertigung müssen die Vorgänge, die beim Übergang des Werkstoffes aus dem flüssigen in den festen Zustand vor sich gehen, berücksichtigt werden. Es sind dies die Kristallisations- und Abkühlungsvorgänge und die dabei möglicherweise auftretenden Nebenerscheinungen (gießgerechter Entwurf).

3. Bei der Festlegung der äußeren Form ist die Formtechnik im Auge zu behalten. Weiter hat der Former die Form in wirtschaftlichster Weise gießgerecht fertigzustellen und einwandfrei abzugießen (formgerechter Entwurf).

4. Bei den Gußstücken, die eine mechanische Bearbeitung erfahren, ist auch noch der Einfluß, den ihre Form auf die Bearbeitungskosten ausübt, in Betracht zu ziehen (werkstattgerechter Entwurf).

Das vorliegende Heft soll sowohl dem Konstrukteur als auch dem in der Gießerei Tätigen Richtlinien dafür geben, wie das Ziel, gesunden Guß herzustellen, zu erreichen ist.

I. Wahl des Werkstoffes. (Stoffgerechter Entwurf.)

A. Allgemeine Richtlinien.

Das „gesunde“ Gußstück muß die Grundbedingung erfüllen, allen Beanspruchungen, denen es während des Gebrauches ausgesetzt ist, zu widerstehen. Es muß also aus einem Werkstoffe gefertigt sein, der diese Bedingung zu erfüllen vermag. Dessen Wahl wird von den folgenden Umständen abhängig sein:

Erstens von den Gesamtbeanspruchungen, denen das Gußstück ausgesetzt ist. Sie werden die Hauptrolle spielen. Die Beanspruchungen, die vorkommen, lassen sich einteilen in: mechanische (Zug-, Druck-, Biegungs-, Verdrehungs- oder Abscheerbeanspruchungen oder der Abnützung durch Reibung), physikalische und chemische. Die Beanspruchungen können für sich allein oder gleichzeitig, dauernd oder vorübergehend, im letzteren Falle vereinzelt oder wiederholt, weiter bei gewöhnlicher oder hoher oder tiefer Temperatur auftreten. Für die Beurteilung der Eignung eines Werkstoffes werden daher seine mechanischen, physikalischen und chemischen Eigenschaften heranzuziehen sein. Treten mehrere Arten der Beanspruchungen auf, und zwar mechanische und physikalische, oder mechanische und chemische, oder gar alle drei, so ist, falls kein Werkstoff zur Verfügung steht, der allen dreien vollkommen gerecht werden kann, die Auswahl nach derjenigen Beanspruchung zu treffen, die in erster Linie zu berücksichtigen ist.

Zweitens wird das zulässige Gewicht von Bedeutung sein. Für Teile einer Konstruktion, die eine bestimmte Stabilität oder Starrheit (z. B. Maschinenrahmen, Grundplatten) oder eine bestimmte Masse (z. B. Schwungräder, Schwunggewichte, Gegengewichte) besitzen sollen, wird ein Mindestgewicht eingehalten werden müssen, für Teile einer Maschine, die ein möglichst kleines Eigengewicht haben soll, ein Höchstgewicht. Aus der Gesamtbeanspruchung und dem zulässigen Querschnitt, der in unmittelbarer Beziehung zum Gesamtgewicht steht, ergibt sich die spezifische Beanspruchung, d. i. die Beanspruchung je Flächeneinheit. Der in Frage kommende Werkstoff muß solche Gütewerte besitzen, daß er dieser Beanspruchung gerecht werden kann.

Drittens wird der Preis des Werkstoffes von Einfluß sein. Kommen für die Fertigung eines Gußstückes mehrere Werkstoffe in Frage, so werden bei gleicher Lebensdauer die Gesamtkosten, bei verschiedener Lebensdauer die Quotienten aus den Gesamtkosten und der Dauerhaftigkeit, die zu erwarten ist, der Maßstab für die Auswahl sein. Hat das Gewicht des Gußstückes einen Einfluß auf die Betriebskosten, und kommen bei Verwendung der einzelnen Gußarten für das gleiche Stück verschiedene Gewichte in Frage, so muß auch dessen Einfluß auf die Betriebskosten in Betracht gezogen werden. Sollten durch die Änderung des Gewichtes auch die Kosten der Gesamteinrichtung, von der das Gußstück ein Teil ist, eine Änderung erfahren, so müssen auch diese berücksichtigt werden.

Viertens wird bei dünnwandigen, komplizierten Bauteilen, die durch Gießen hergestellt werden, die Vergießbarkeit der Werkstoffe mit in Frage kommen.

B. Beurteilung der Werkstoffe.

Zur Beurteilung der Werkstoffe dienen ihre Gütewerte. Je nach der Art der Beanspruchung sind ihre mechanischen, physikalischen und chemischen Eigenschaften ins Auge zu fassen.

1. Physikalische und chemische Gütewerte. Zur Beurteilung der physikalischen und chemischen Güte eines Werkstoffes genügt in der Regel die Kenntnis der nachstehenden Eigenschaften: a) Elektrischer Widerstand, b) Wärmeleitfähigkeit, c) linearer Ausdehnungskoeffizient, d) Permeabilität, Remanenz, Koerzitivkraft (magnetische Eigenschaften) und e) Widerstand gegen bestimmte chemische Einflüsse (Säure, Alkalien, Atmosphärilien, Salzlösungen). Sind diese Werte von dem einzelnen Werkstoff noch nicht bekannt, so lassen sie sich durch einfache Laboratoriumsversuche einwandfrei feststellen. Kommen nur physikalische oder nur chemische Beanspruchungen in Frage, so wird die Wahl des richtigen Werkstoffes in den weitaus meisten Fällen keine Schwierigkeiten bereiten. Treten beide Arten der Beanspruchung auf und sind auch noch die mechanischen Beanspruchungen ins Auge zu fassen, so wird vielfach erst der praktische Versuch die Zweckmäßigkeit des Werkstoffes, auf den nach seinen Gütewerten die Wahl gefallen ist, beweisen müssen.

2. Mechanische Gütewerte. Die mechanischen Beanspruchungen können entweder statisch oder dynamisch sein. Im ersten Falle sind sie stetig oder wechselnd, im zweiten Falle können sie von gleichmäßiger oder wechselnder Stärke sein. Die Auswahl des Werkstoffes wäre auch in diesem Falle leicht, wenn erstens die Möglichkeit bestünde, die Art der mechanischen Beanspruchung, der das Gußstück ausgesetzt ist, überhaupt sicher zu erkennen, und wenn zweitens der Widerstand des Werkstoffes gegen diese Beanspruchung, der als Arbeitsfestigkeit bezeichnet wird, durch einfache Laboratoriumsversuche festgestellt werden könnte. Die Ermittlung der Arbeitsfestigkeit für jeden Einzelfall ist aber ein Ding der Unmöglichkeit. Eine genaue Erkenntnis des Verhaltens des Werkstoffes gegenüber den mechanischen Beanspruchungen ist daher nicht immer leicht. Für die Beurteilung der Werkstoffe in dieser Hinsicht stehen dem Konstrukteur nur die Gütewerte zur Verfügung, die bei den einfachen Erprobungen, durch die das Verhalten der Werkstoffe gegenüber stetigen und stoßweisen Beanspruchungen bestimmt wird, erhalten werden.

Bei Stahl- und Temperguß sind es die Werte der Zugzerreißprobe, der Kerbschlagprobe und der Brinellkugeldruckprobe; bei Grauguß die Werte der Zugzerreißprobe, der Biegeprobe und der Brinellkugeldruckprobe.

Es soll nun untersucht werden, welche Bedeutung die durch diese Art der Erprobungen ermittelten Gütewerte für die Auswahl der Werkstoffe haben.

a) Zugversuch (Zugzerreißprobe). Bei diesem Versuche wird ein Stab von bestimmter Länge und Stärke durch stetige Zugbeanspruchung zu Bruch gebracht. Er ist durch die DIN 1605 normalisiert und wird entweder mit dem kurzen ($d = 20$ mm Durchmesser, Meßlänge $l_0 = 5d = 100$ mm) oder mit dem langen Normalstab ($d = 20$ mm, $l_0 = 10d = 200$ mm) oder dem kurzen ($l_0 = 5d = 5{,}65\sqrt{F}$) oder dem langen Proportionalstab ($l_0 = 10d = 11{,}3\sqrt{F}$), wobei F der Stabquerschnitt in mm² ist und d oder F beliebig gewählt werden können oder dem Kurzstab ($l_0 = 100$ mm) oder dem Langstab ($l_0 = 200$ mm), wobei d und F ebenfalls beliebig groß sein können, nach den Vorschriften der genannten Norm durchgeführt. Bei Stahl- und Temperguß werden durch den Zugzerreißversuch die Streckgrenze, die Zugfestigkeit, die Bruchdehnung und die Einschnürung bestimmt. Bei Gußeisen wird nur die Zugfestigkeit festgestellt, da dieser Werkstoff keine Streckgrenze, Dehnung und Einschnürung aufweist.

Unter Streckgrenze (σ_s) wird die Belastungsgrenze in kg/mm² verstanden, bei der der Kraftanzeiger der Maschine trotz zunehmender Formveränderung erstmalig unverändert bleibt oder sogar zurückgeht. Ist die Streckgrenze nicht scharf ausgeprägt, so wird die Spannung, bei der eine bleibende Dehnung von 0,2% der Meßlänge festzustellen ist, als Streckgrenze bezeichnet.

Die Zugfestigkeit (σ_B) gibt die Belastung in kg/mm² wieder, die der Werkstoff tragen kann.

Die Bruchdehnung (δ) ist die Dehnung, die nach dem Bruch festzustellen ist. Sie wird in Prozenten der ursprünglichen Meßlänge l_0 angegeben:

$$\delta = \frac{l - l_0}{l_0} \cdot 100\,\%.$$

Die Einschnürung (ψ) gibt die Querschnittsabnahme an der Bruchstelle wieder. Sie wird in Prozenten des ursprünglichen Querschnittes (q_0) ausgedrückt:

$$\psi = \frac{q_0 - q}{q_0} \cdot 100\,\%.$$

Der Zugzerreißversuch gibt ein eindeutiges Bild über das Verhalten des Werkstoffes gegenüber stetigen statischen Zugbeanspruchungen. Es fragt sich nun, wie die Gütewerte des Zugversuches für die Beurteilung des Werkstoffes zu verwenden sind.

α) Streckgrenze und Zugfestigkeit. Diese beiden Eigenschaften geben bedingungsweise ein Maß für das Verhalten gegen alle Arten der statischen Beanspruchungen. Das Gußstück soll selbst im äußersten Falle nur elastische Formveränderungen erfahren. Seine zulässige spezifische Beanspruchung (σ_K) darf daher höchstens der Elastizitätsgrenze (σ_E) des zu verwendenden Werkstoffes gleichkommen. Die Elastizitätsgrenze wäre also der Gütewert, der in erster Linie in Betracht gezogen werden sollte. Ihre Bestimmung ist beim Zugversuch zwar möglich, doch schwierig, so daß sie bei der laufenden Prüfung der Werkstoffe unterlassen wird. Man begnügt sich mit der Feststellung der Streck- und Bruchgrenze. Diese sind ein Vielfaches von σ_E. Sie dürfen daher bei der Beurteilung des Werkstoffes auf seine Verwendbarkeit nur mit einem Bruchteile ihrer Werte

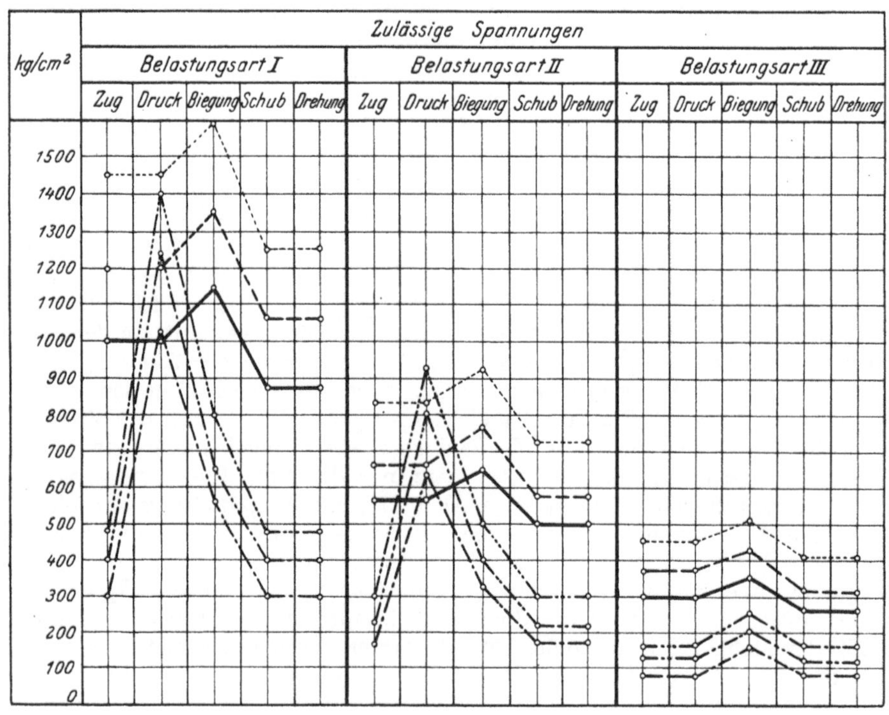

Fig. 1. Zulässige Spannungen für Grau- und Stahlguß.

——— weicher Stahlguß — — — zäher Stahlguß .... zähharter Stahlguß
—·—·— gewöhnl. Grauguß —··—··— Grauguß mittl. Festigk. —···—··· Grauguß hoher Festigk.

Tabelle 1.

Sicherheitsgrade und Arbeitsvermögen für Grau- und Stahlguß.

Belastungsart		I	II	III
Sicherheitsgrade n	Stahlguß	4	6÷8	12÷15
	Grauguß	5	8÷9	15÷18

Werkstoff	Grauguß		Stahlguß
	Zugfestigkeit 16,8 kg/mm²	Zugfestigkeit 23,6 kg/mm²	
Arbeitsvermögen in kg/cm³ . . .	0,092	0,126÷0,131	8,20÷8,62
Verhältniszahl . .	1	1,37÷1,42	89,1÷93,7

in Rechnung gestellt werden. Die Beziehungen von Streckgrenze, Zugfestigkeit, zulässiger Spannung und Elastizitätsgrenze lassen sich durch folgende Gleichungen ausdrücken:

$$\sigma_K = \frac{\sigma_S}{m} = \frac{\sigma_B}{n} < \sigma_E .$$

m und n werden als die Sicherheitsfaktoren oder Sicherheitsgrade bezeichnet. Ihre Größe richtet sich nach der Art der Belastung und der Art der Beanspruchung. Man unterscheidet dreierlei Arten der Belastung: Die stetige, mit dem Index I bezeichnet, die wechselnde, bei welcher der Wechsel nur zwischen 0 und einem Plus- oder Minushöchstwert stattfindet, mit dem Index II bezeichnet. Wechselt die Belastung zwischen einem Plus- und einem Minushöchstwert, so erhält sie den Index III. Mit steigendem Index müssen m und n größer gewählt werden. Die Sicherheitsgrade sind auf Grund praktischer Erfahrungen festgelegt. In der Regel wird nur die Zugfestigkeit für die Berechnung von σ_K herangezogen. Die der Fig. 1 beigefügte Tabelle 1 gibt die Werte von n für alle drei Arten der Beanspruchung für Stahl- und Grauguß wieder, außerdem das Arbeitsvermögen. Die Figur selbst enthält eine graphische Darstellung der zulässigen Höchstspannungen bei Zug-, Druck-, Biegungs-, Schub- und Verdrehungsbeanspruchungen.

Die Zugfestigkeit läßt auch einen Schluß auf den Widerstand des Werkstoffes gegen Druck, Biegung, Verdrehung und Schub zu, da zwischen der Zugfestigkeit und den Festigkeitswerten der anderen Arten bestimmte Beziehungen bestehen, die allerdings bei den verschiedenen Werkstoffen nicht immer gleich sind.

In den letzten Jahren wurde eine Reihe von Werkstoffen in verschiedenartigen Dauerprüfmaschinen auf ihr Verhalten gegenüber regelmäßig wechselnden Dauerbeanspruchungen untersucht. Bei diesen Versuchen wurde festgestellt, daß die Widerstandsfähigkeit der Werkstoffe gegen diese Belastungsart in einer unmittelbaren Beziehung zur Streckgrenze der Werkstoffe steht: es zeigte sich, daß sie mit der Streckgrenze zunimmt. Wenn also die Kenntnis der Streckgrenze für die Berechnung der zulässigen Spannung σ_K auch nicht unbedingt notwendig ist, so ist es für den Konstrukteur besonders bei hohen Beanspruchungen wertvoll, daß er auch ihren Wert kennt. Er wird dann auf eine genügend hohe Streckgrenze sehen. Haben zwei Werkstoffe gleiche Zugfestigkeit, aber verschiedene Streckgrenzen, so ist derjenige, der die höhere Streckgrenze aufweist, als der hochwertigere anzusprechen.

β) Dehnung. Dieser Gütewert, der einen Maßstab für die Zähigkeit gibt, ist für den Konstrukteur bei der Auswahl des Werkstoffes von großer Bedeutung. Wie schon erwähnt, lassen sich die während der Arbeitsleistung auftretenden Beanspruchungen nicht immer einwandfrei festlegen. Es kann daher vorkommen, daß einzelne Stellen Beanspruchungen ausgesetzt sind, die die zulässigen Spannungen weit überschreiten. Dann soll kein Bruch, sondern höchstens eine Verformung eintreten. Die Bruchgefahr wird um so geringer sein, je mehr Arbeit der Werkstoff nach Überschreitung der Streckgrenze aufzuzehren vermag. Über diese Arbeit gibt das Spannungsdehnungsbild ($\sigma\delta$-Bild) einen Aufschluß. Es ist in der Fig. 2 durch die schraffierte Fläche wiedergegeben. Dieses Bild steht dem Konstrukteur

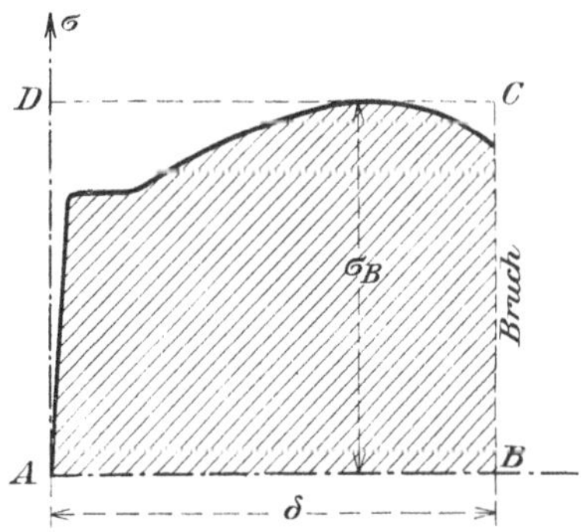

Fig. 2. Spannungsdehnungsbild.

gewöhnlich nicht zur Verfügung, er kann sich jedoch aus den Werten von Zugfestigkeit und Dehnung das Produkt beider berechnen. Dieses entspricht der Fläche $ABCD$ der Fig. 2, die der Widerstandsarbeit sehr nahe kommt. Die Kenntnis von δ ist daher für die Beurteilung der Güte eines Werkstoffes notwendig. Bei gleicher Zugfestigkeit und Streckgrenze und verschiedener Dehnung ist der Werkstoff mit höherer Dehnung der hochwertigere. Der Wert der Dehnung wird bei dem Zerreißversuche nur dann richtig ermittelt, wenn der Bruch im mittleren Drittel der Meßlänge liegt. Es ist daher bei Feststellung der Dehnung auf die Lage der Bruchstelle Rücksicht zu nehmen. Eine einwandfreie Beurteilung ihres Wertes ist nur dann möglich, wenn bei seiner Wiedergabe auch gleichzeitig mitgeteilt wird, bei welcher Meßlänge und welchem Querschnitte er ermittelt wurde, d. h. es können nur jene Dehnungswerte unmittelbar miteinander verglichen werden, die unter gleichen Verhältnissen bestimmt wurden. Eine Verringerung der Meßlänge bei gleichem Querschnitt der Probe hat eine Vergrößerung des Dehnungswertes zur Folge. Auf Grund einer sehr großen Zahl von Zerreißproben, die mit den verschiedenen Markenentfernungen durchgeführt werden, kann man mit Hilfe der Großzahlforschung die Beziehungen, die zwischen den Dehnungen der verschiedenen Meßlängen bestehen, ermitteln. So hat der Werkstoffausschuß des Vereines deutscher Eisenhüttenleute mit Hilfe dieser Forschung festgestellt, daß sich die Dehnung des kurzen Proportionalstabes ($l = 5{,}65 \cdot \sqrt{F} = 5\,d$) zu der Dehnung des langen Proportionalstabes ($l = 11{,}3 \cdot \sqrt{F} = 10\,d$) wie 1,20÷1,30 : 1 verhält; die erstere ist also um 20÷30 % größer.

γ) Einschnürung. Die Einschnürung ist ebenfalls ein Maß für die Zähigkeit. Sie eignet sich namentlich bei den vergüteten Werkstoffen zur Beurteilung dieser Eigenschaft weitaus besser als die Dehnung. Sie steht besonders in einer engen Beziehung zu der Widerstandsfähigkeit der Werkstoffe gegen plötzlichen Schlag oder Stoß. Je größer die Einschnürung ist, um so widerstandsfähiger wird der Werkstoff gegen dynamische Beanspruchungen sein. Ihr Wert ist daher unbedingt bei der Auswahl des Stoffes zu berücksichtigen. Ist das Gußstück dynamischen Beanspruchungen ausgesetzt, so wird, wenn die Wahl zwischen zwei Werkstoffen, die gleiche Streckgrenze und Festigkeit, aber verschiedene Dehnung und Einschnürung aufweisen, der Stahl mit der stärkeren Einschnürung vorzuziehen sein.

b) Kerbschlagprobe (Kerbzähigkeit). Diese Probe ist eine Kerbschlagbiegeprobe. Sie wird in Deutschland in der Regel nach den Vorschriften des deutschen Verbandes für Materialprüfung der Technik durchgeführt. Es werden die in Fig. 3a und b wiedergegebenen Proben verwendet, die unter einem Pendelschlaghammer, System Charpy, dessen größte Schlagarbeit bei der großen Probe 250 oder 75, bei der kleinen Probe 10 mkg beträgt, durch Schlag gebrochen. Der Quotient aus der zum Bruche notwendigen Arbeit (mkg) und der Bruchfläche (cm²) wird als Kerbzähigkeit (k_f) bezeichnet.

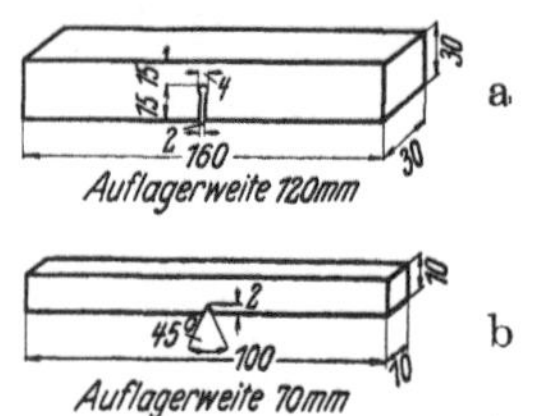

Fig. 3. Kerbschlagproben.

$$k_f = \frac{\text{Brucharbeit (mkg)}}{\text{Bruchfläche (cm}^2\text{)}} \text{ in mkg/cm}^2.$$

Die Kerbzähigkeit ist zu einer eindeutigen Kennzeichnung des Werkstoffes nicht geeignet, da sie sich mit der Probenbreite, der Form der Kerbe und der Schnelligkeit des Schlages ändert. Eine eindeutige Bewertung auf Grund der Kerbschlagprobe ist nur dann möglich, wenn man die zum Durchschlag der Probe aufgewandte Arbeit nicht auf die Bruchfläche, sondern auf das Volumen bezieht, das an dem Bruche bzw. an der Widerstandsarbeit beteiligt war. Der Quotient von Arbeit (mkg) und Bruchvolumen (cm³) ergibt die Arbeitskonstante des Werkstoffes k_v.

$$k_v = \frac{\text{Brucharbeit (mkg)}}{\text{Bruchvolumen (cm}^3)} \text{ in mkg/cm}^3 .$$

Sie ist von der Form der Kerbe, der Breite des Probestabes und der Schlaggeschwindigkeit unabhängig und stellt einen eindeutigen Gütewert des Werkstoffes vor. Ihr Wert ändert sich für denselben Werkstoff nur dann, wenn dessen Gefüge eine Änderung erfährt. Daß die Kerbzähigkeit k_f bei wechselnder Breite der Probe und ungleicher Ausführung der Kerbe verschiedene Werte liefert, hat seine Ursache darin, daß sich das am Bruche beteiligte Volumen mit der Änderung der Probeform ebenfalls ändert. Selbst bei gleicher Probeform können je nach der Schnelligkeit des Schlages verschiedene Werte für k_f erhalten werden. Die einzelnen Werkstoffe besitzen eine verschiedene Arbeitsschnelligkeit oder, was dasselbe ist, ein verschiedenes Formveränderungsvermögen. Bei arbeitsträgen Werkstoffen tritt besonders bei den breiten Proben bei Überschreitung einer bestimmten Schlaggeschwindigkeit der Fall ein, daß das größte Arbeitsvolumen nicht mehr an dem Bruche teilnimmt. Es nimmt daher bei diesen Werkstoffen die Kerbzähigkeit k_f von einer bestimmten Schlaggeschwindigkeit an ab. Durch Ausführung der Kerbschlagbiegeprobe bei verschiedenen Schlaggeschwindigkeiten könnte man also auch die Arbeitsschnelligkeit der Werkstoffe, die ebenfalls ein eindeutiger Wert derselben ist, feststellen. Die Bestimmung der Arbeitskonstanten ist infolge der schwierigen Bestimmung des Arbeitsvolumens nicht einfach durchführbar. Auch die Feststellung der Arbeitsschnelligkeit kompliziert die Durchführung der Kerbschlagprobe. Man begnügt sich daher mit der Ermittlung von k_f. Wird dieser Wert immer unter den gleichen Bedingungen bestimmt, so genügt er vollauf für die Beurteilung des Verhaltens der Werkstoffe gegen stoßweise Beanspruchung. Hohe Kerbzähigkeit wird immer ein Beweis für die hohe Güte des Werkstoffes sein. Die Angaben über die Kerbzähigkeit müssen, wenn sie zum Vergleich brauchbar sein sollen, durch Angaben über die Probeform, Ausführung der Kerbe und Schlaggeschwindigkeit ergänzt sein.

Bezüglich der Werte der Zugzerreißprobe und der Kerbschlagprobe wäre noch zusammenfassend zu sagen, daß der Konstrukteur bei der Auswahl des Werkstoffes für hochbeanspruchte Gußstücke in erster Linie der Streckgrenze, der Einschnürung und der Kerbzähigkeit das Augenmerk zuwenden muß. Kommen nur stark wechselnde Dauerbeanspruchungen in Frage, so ist auf eine hohe Streckgrenze zu sehen. Unterliegt das Gußstück hauptsächlich stoßweisen Gewaltbeanspruchungen, so wird ein Werkstoff zu verwenden sein, der eine hohe Einschnürung und Kerbzähigkeit aufweist. Hat das Gußstück beiden Arten der Beanspruchungen zu widerstehen, so muß auf eine hohe Streckgrenze, Einschnürung und Kerbzähigkeit geachtet werden.

c) Kugeldruckversuch (Kugeldruckprobe). Die Brinellkugeldruckprobe ist heute ebenfalls durch die DIN 1605 festgelegt. Sie dient dazu, die Brinell- oder Kugeldruckhärte oder Härteziffer der Werkstoffe (H) zu bestimmen. Bei ihrer Durchführung wird eine gehärtete Stahlkugel vom Durchmesser d mit immer gleicher Kraft P gegen eine ebene geschliffene Fläche des Werkstoffes gedrückt. Unter H wird der Quotient aus der Belastung P (in kg) und der Oberfläche des erzeugten Eindruckes (in mm²) verstanden. $H = P/d$. H ändert sich mit der Belastung P und dem Durchmesser der Kugel d. Es sind daher nur diejenigen Werte von H miteinander vergleichbar, die bei gleichen P und d ermittelt wurden. P und d werden ja nach der Dicke des zu prüfenden Gegenstandes und der Art des verwendeten Werkstoffes verschieden groß gewählt. DIN 1605 gibt darüber Aufschluß.

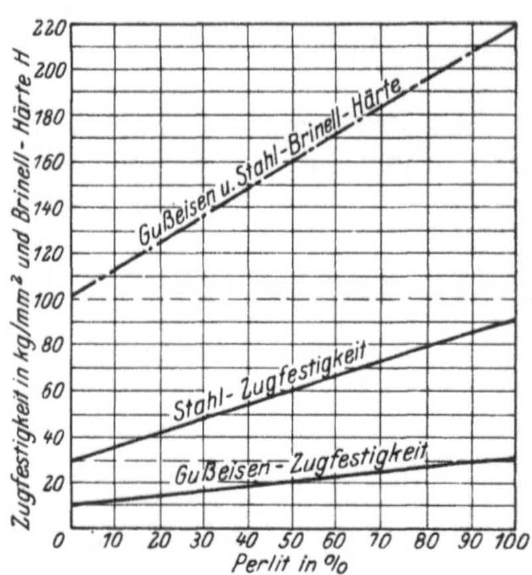

Fig. 4. Zugfestigkeit und Brinellhärte von Gußeisen und Stahl (Schüz).

H ist ein Maß für die Bearbeitungsfähigkeit und den Widerstand gegen Abnützung, sie dient daher zur Beurteilung dieser Eigenschaften. Sowohl beim Stahl- als auch beim Grauguß, der ja nichts anderes als ein von Graphit durchsetzter Stahl ist, hängt die Härteziffer von dem Gehalt an gebundenem Kohlenstoff ab. Fig. 4 gibt die Beziehungen zwischen Kugeldruckhärte, Festigkeit und Perlitgehalt für untereutektoidischen Stahl und untereutektoidisches Gußeisen (mit weniger als 4% C) an. Bei Kenntnis der chemischen Zusammensetzung, der Wandstärke und damit der Abkühlungsverhältnisse kann aus der Brinellhärte der Gefügeaufbau und damit die Eigenschaft des Graugußes beurteilt werden. Die Kugeldruckprobe ist auch ein einfaches Mittel, um die Zugfestigkeit der Werkstoffe zu bestimmen. Bei Stahl gelten für die Beziehungen der Festigkeit zur Härteziffer die folgenden Gleichungen:

$$\sigma_B = 0{,}344 \cdot H \text{ (bei } H \leqq 175\text{)}, \quad \sigma_B = 0{,}362 \cdot H \text{ (bei } H \geqq 175\text{)}.$$

Bei Grauguß besteht zwischen diesen beiden Werten annähernd die folgende Beziehung: $\sigma_B = 0{,}125 \cdot H$. Nach Schüz ist bei dieser Gußart

$$\sigma_B = \frac{H - 40}{6}.$$

Bei europäischem Temperguß hat die Ausführung der Kugeldruckprobe nicht viel Zweck, da bei diesem die Härte über den Querschnitt in den meisten Fällen ungleich ist.

d) Biegeprobe. Diese Probe wird in der Regel nur bei Grauguß durchgeführt. In Deutschland wird dazu ein Probestab von 30 mm Durchmesser und 650 mm Länge verwendet, der bei einer Auflagerweite von 650 mm bis zum Bruche durchgebogen wird. Die Durchbiegung in Millimetern bis zum Bruch und die Biegefestigkeit $K_b = \ldots$ kg/mm² geben einen Maßstab für das Verhalten des Werkstoffes gegen Biegungsbeanspruchungen. Zwischen K_b und σ_B bestehen beim Grauguß die Beziehungen $K_b \approx 2 \cdot \sigma_B$.

Die Biegefestigkeit ist von dem Gefüge abhängig; da es durch die Abkühlungsverhältnisse beeinflußt wird, so ist beim Abguß der Probestäbe auf diese zu achten. Das gleiche gilt bei Grauguß auch für Probestäbe, die zur Feststellung der Zugfestigkeit verwendet werden. In der Regel werden die Bruchstücke der Biegeprobe dazu benützt. Da die Abkühlungsverhältnisse im Gußstücke möglicherweise anders sind, so geben die an den Probestäben ermittelten Werte nur bedingt die Güte der Gußstücke wieder.

C. Eigenschaften und Auswahl der Werkstoffe.

Ein Gußstück aus Eisen kann in Grauguß, in schmiedbarem oder Temperguß oder in Stahlguß hergestellt werden. Von jeder dieser Gußarten sind verschiedene Güteklassen vorhanden. Die besonderen Eigenschaften der einzelnen Gußarten sind so verschieden, daß jeder derselben ein bestimmtes Verwendungsgebiet zukommt. Die Frage Grau-, Temper- oder Stahlguß wird daher in den meisten Fällen eindeutig zu beantworten sein.

1. Grauguß. Grauguß ist die billigste Gußart, wenn nur der Kilopreis in Betracht gezogen wird. Wesentlich anders gestaltet sich sein Verhältnis zu den anderen Gußarten, wenn auch das Gewicht, das für die Ausführung desselben Gußstückes in Grau-, Temper- oder Stahlguß notwendig ist, berücksichtigt wird. Tabelle 2 gibt auf Grund der statistischen Daten der Jahre 1913 und 1926 über die deutsche Erzeugung an Grau-, Temper- und Stahlguß einen Überblick über die Durchschnittspreise dieser Gußarten und ihr Verhältnis zueinander. Sie enthält auch eine Gegenüberstellung der zulässigen Spannungen, die bei jeder Gußart bei den verschiedenen Beanspruchungen und Belastungsarten in Betracht kommen. Aus ihr ist zu entnehmen, daß der Grauguß nur bei reinen Druckbeanspruchungen dem Stahl- und Temperguß überlegen ist. Bei den anderen Beanspruchungen geht, wenn Grauguß hierfür überhaupt in Betracht gezogen werden kann — es wird dies nur bei sehr geringen derartigen Beanspruchungen der Fall sein — der Vorteil der Billigkeit verloren. Er könnte sich nur dann geltend machen, wenn das Gußstück aus betriebs- oder gußtechnischen Gründen in Stahlguß auch ebenso schwer ausgeführt werden müßte wie in Grauguß. Infolge seiner Sprödigkeit wird Grauguß bei Zug- und Biegebeanspruchungen in der Regel überhaupt nicht in Frage kommen, da diese gewöhnlich wechselnde sind und

Tabelle 2. Vergleich der Preise und der zulässigen Spannungen.

Jahr	Grauguß (Maschinenguß)		Temperguß		Stahlguß	
	Preis je t	Verhältniszahl	Preis je t	Verhältniszahl	Preis je t	Verhältniszahl
1913	210,14 M [1]	100	551,94 M [1]	262	371,24 M [1]	177
1926	390,— M [2]	100	750,— M	192	680,— M [3]	167

Beanspruchung	Belastungsart	Grauguß mittl. Festigkeit		Temperguß		Stahlguß weich	
		kg/cm²	Verhältniszahl	kg/cm²	Verhältniszahl	kg/cm²	Verhältniszahl
Zug	I	400	100	800	200	1025	256
	II	235	100	430	183	586	249
	III	121	100	230	190	310	264
Biegung	I	700	100	900	129	1150	165
	II	410	100	500	120	650	158
	III	210	100	280	133	350	166
Druck	I	1300	100	800	00	1025	78
	II	770	100	430	55	586	76
	III	121	100	230	190	310	264

[1]) Durchschnittspreis je t aus der Gesamtjahreserzeugung errechnet. [2]) Für Stücke von 25—50 kg. [3]) Für Stücke bis 50 kg.

Tabelle 3. Zusammensetzung der Sondergußeisen.

Gußeisen	Zusammensetzung						
	Ges. C	Graphit	Geb. C	Si	Mn	P	S
Lanz-Perlit	3,25	2,41	0,84	1,10	0,79	normal	<0,120
Niedrig gekohltes Gußeisen	2,7	1,8	0,90	2,5	1,0	<0,2	<0,14
Graphit-eutektisches Gußeisen (Schüz)	3,4	3,04	0,40	3,5	normal	normal	normal

Tabelle 4. Gütewerte der verschiedenen Güteklassen von Grau-, Temper- und Stahlguß.

Grauguß	Biegeprobe 30/60 Durchm. Biegefestigkeit σ_F kg/mm²	Durchbiegung f mm	Zugfestigk. σ_B kg/mm²	Druckfestigk. kg/mm²	Schlagfestigk. kg/cm² ungekerbt	Brinellhärte H	Elektrischer spez. Widerstand	Magnetische Eigenschaften
	mindest.	mindest.	mindest.					
Maschinenguß¹) ohne bes. Vorschriften G_e 12,91	> (24)	> (6)	> 12	> 50	—	150÷200	schwankt zwischen 2 und 0,9 Ohm je m/mm². Nimmt mit steigendem Gehalt an Zementit zu	die magnet. Eigenschaften hängen von dem Graphit- und Zementitgehalt ab. Sie sind um so besser je geringer der Gesamt-C und je höher der Anteil an Graphit u. Temperkohle daran ist. In einem Roheisen mit C = 3,43, Graphit = 3,19, geb. C = 0,24, Si = 2,84, Mn = 0,41, P = 0,74, S = 0,15 ist die magnet. Induktion bei 25 AW/cm = 7100; 50 AW/cm = 8400; 100 AW/cm = 10200
Maschinenguß mit bes. Vorschriften G_e 14,91	> (28)	> (7)	> 14	> 55	—	150÷200		
G_e 18,91	> (34)	> (10)	> 18	> 65	0,43	170÷190		
G_e 22,91	> (40)	> (10)	> 22	> 75	0,53	180÷200		
G_e 26,91	> (46)	> (10)	> 26	> 80	0,53	190÷215		
Lanz-Perlit	48÷53	12÷14	26÷30	> 80	0,45	170÷180		
Niedrig gekohlter (Thyssen-Emmel)	60÷70	10÷11	30÷35	—	—	175÷185		
Graphiteutektisch. (Schütz)	75÷85	1÷3,3	33÷36	—	—	—		
Gerütteltes Gußeisen	50÷60	÷15	30÷40	—	—	180÷240		
Abnorm überhitztes Gußeisen	65÷75	÷10	35÷42	—	—	180÷230		
Allgemein	>24÷46	>6÷10	>12÷26	>50÷89	—	150÷215		

Temperguß	Zug-Zerreiß-Probe Streckgrenze kg/mm²	Festigkeit kg/mm²	Dehnung $l = 11{,}3\sqrt{F}$ %	Einschnürung %	Schlagfestigk. kg/cm² ungekerbt	Brinellhärte H	Elektrischer Widerstand Ohm pro cm³	
deutscher niedrige Festigkeit	> 18	> 30	> 2	—	17÷4	110÷180	0,000029 bis 0,000044	Für die magnetischen Eigenschaften ist der Gehalt an geb. C maßgebend. Im vollständig entkohlten Temperguß oder karbidfreiem Guß ist die Permeabilität am größten, die Remanenz und Koerzitivkraft am kleinsten
deutscher hohe Festigkeit	> 20	> 35	> 3	—	nimmt mit geb. C ab	110÷180		
amerikanischer	> 18	38÷32	8÷20	—	25÷15	110÷120		

Stahlguß	Zug-Zerreiß-Probe Streckgrenze kg/mm²	Festigkeit kg/mm²	Dehnung $l = 11{,}3\sqrt{F}$ %	Einschnürung %	Schlagfestigk. kg/cm² gekerbt	Brinellhärte H		Magnet. Induktion AW/cm 25	50	100
unlegiert geglüht weich	19÷25	38÷45	25÷20	60÷45	16÷12	110÷135	Das chemische reine Fe hat einen spezifisch. Widerstand von 0,0994 Ohm je m/mm². Bei den Kohlenstoffstählen nimmt er mit steigendem C-Gehalt zu; er ist außer von der Zusammensetzung auch noch von der Wärmebehandlung abhängig. Bei der Bildung von Mischkristallen nimmt er stark ab.	14500	16000	17500
unlegiert geglüht zäh	25÷30	45÷55	20÷16	45÷25	12÷4	135÷165		9000	13000	15000
unlegiert geglüht zähhart	30÷35	55÷65	16÷10	25÷15	4÷2	165÷180		mit steigendem Mn- und C-Gehalt werden die magnetischen Eigenschaften verschlechtert. 12 % Mn ist antimagnetisch.		
legiert geh. 12 % Mn	40÷45	85÷95	40÷30	40÷30	—	230÷275				
legiert vergütet 3 % Ni	43÷48	65÷75	18÷14	40÷30	—	180÷205				
0,5 % CR, 1 % Ni	58÷63	75÷85	14÷11	30÷20	—	205÷230				
0,8 % CR, 2,5 % Ni	65÷70	80÷90	12÷8	25÷15	—	220÷250				
0,3 % Vd	48÷53	65÷75	18÷14	40÷30	—	180÷205				
0,3 % Vd, 1,5 % CR	68÷73	80÷90	12÷8	25÷15	—	220÷250				
13 % CR	70÷80	80÷90	14÷12	40÷30	—	220÷230	Rostfreier Stahl.			

¹) Nach dem Normenvorschlag für Gußeißen E 1691.

dann ein zäher Werkstoff verwendet werden muß. Grauguß ist also der gegebene Werkstoff für auf Druck beanspruchte Gußstücke. Er eignet sich zur Herstellung der größten und kleinsten Gußstücke. Infolge seiner niedrigen Erstarrungstemperatur läßt er sich leicht vergießen. Einfache Gußstücke lassen sich noch mit einer Wandstärke von 3 mm herstellen, bei verwickelten Formen darf man in der Wandstärke jedoch nicht unter 5 mm gehen.

Die Eigenschaften des Graugusses hängen in erster Linie von der Ausbildung und der Menge der Graphiteinlagerungen sowie dem Gefüge der Grundmasse ab. In den letzten Jahren ist das Bestreben, seine Eigenschaften zu verbessern, allgemein wach geworden. Zwei Wege wurden eingeschlagen, um dieses Ziel zu erreichen. Einerseits wurde versucht, durch Sonderzusätze die Eigenschaften des Graugusses zu verbessern, andererseits wurden die Grundlagen für die Ausbildung seines Gefüges und dessen Einfluß auf die Eigenschaften wissenschaftlich erforscht, um es bewußt derart zu beeinflussen, daß der Guß die höchste Güte erreicht. Der erste Weg war bisher erfolglos. Es zeigte sich, daß die Verbesserung der Gütewerte durch Sonderzusätze in keinem Verhältnis zu den aufgewendeten Kosten steht. Die Erfolge des zweiten Weges sind die hochwertigen Gußeisensorten, die in den allerletzten Jahren neu eingeführt wurden. Es sind dies der Lanzperlit, das niedriggekohlte Gußeisen von Thyssen-Emmel, das graphiteutektische Gußeisen Patent Schüz, das gerüttelte und das abnorm überhitzte Gußeisen. Bei dem ersten und dritten wird das günstige Gefüge der Grundmasse und die gleichmäßige feine Verteilung des Graphites durch Einhaltung einer bestimmten Zusammensetzung des Schmelzgutes und bestimmter Abkühlungsverhältnisse erreicht. Bei dem niedriggekohlten Gußeisen wird das gleiche Ziel durch eine bestimmte Zusammensetzung allein erreicht. Bei den beiden letzten wird die Form des ausgeschiedenen Graphites und der Gasgehalt des Gußeisens einmal durch Rütteln des Schmelzgutes, das andere Mal durch abnormes Überhitzen günstig beeinflußt, wodurch seine Gütewerte bedeutend verbessert werden. Tabelle 3 gibt ein Bild über die Zusammensetzung der ersten drei hochwertigen Gußeisen. Bezüglich der letzten zwei sind keine besonderen Analysen anzuführen, da die Verbesserung der Güte durch Rütteln oder abnormes Überhitzen bei jedem Gußeisen zu erreichen ist. Tabelle 4 enthält eine Übersicht über die mechanischen Gütewerte, die magnetischen Eigenschaften und den elektrischen Widerstand der Güteklassen des Graugusses, die heute zur Verfügung stehen. Einen vollständigen Überblick über die handelsübliche Einteilung des Graugusses gibt der diesbezügliche Entwurf des Normenausschusses der deutschen Industrie[1]).

Mit der Einführung der Explosionsmaschine und der Verwendung des hochgespannten Dampfes werden die Gußstücke bei immer höheren Temperaturen den Beanspruchungen ausgesetzt. Die Kenntnis der Gütewerte bei diesen Temperaturen ist daher notwendig. Sie wurden von verschiedenen Forschern unter-

Tabelle 5. Analyse des Graugusses der Warmzerreiß-Proben der Fig. 5.

Gußeisen und Autor		Zusammensetzung						
		Ges. C	Graphit	Geb. C	Si	Mn	P	S
Smalley	1	3,31	2,66	0,60	1,5	0,74	0,49	0,112
Smalley	2	3,08	2,41	0,60	2,0	0,57	0,096	0,089
Smalley	3	3,25	2,88	0,37	2,24	0,57	0,77	0,107
Smalley	4	3,65	3,5	0,15	2,92	0,49	1,26	0,062
	5	3,5	2,87	0,65	1,2	1,10	0,31	—
Rudeloff	6	—	—	—	—	—	—	—
Bach	7	3,6	—	—	1,2	1,7	—	—

[1]) Heft Nr. 19, S. 32/33.

sucht. Fig. 5 und Tabelle 5 gibt die Ergebnisse einiger dieser Versuche wieder. Aus derselben ist zu ersehen, daß die Zugfestigkeit des Graugusses bis zu einer Temperatur von 400÷450° nahezu unverändert bleibt.

Bei der Verwendung des Graugusses ist auch darauf Rücksicht zu nehmen, daß er selbst bei den Temperaturen des überhitzten Dampfes, bei wiederholtem Erwärmen und Abkühlen sein Volumen ändert, er wächst. Grauguß für Explosions- und Dampfmaschinen, Dampfarmaturen, Roste und Ofenarmaturen, der hohen Temperaturen ausgesetzt ist und wiederholt erhitzt und abgekühlt wird, soll nicht stark wachsen. Nach den Ergebnissen der Untersuchungen von Dr. Piwowarski hängt das Wachstum in erster Linie von der Graphitausbildung ab. Grauguß, der den Temperaturen des Feuerungsraumes ausgesetzt ist, soll neben feinem, gleichmäßig verteiltem Graphit eine einheitliche metallische Grundmasse aufweisen. Sie kann reinferritisch oder reinperlitisch sein. Im ersteren Fall soll der Siliziumgehalt so hoch sein, daß im Betrieb selbst bei höchster Temperaturbeanspruchung die Phasenumwandlung nicht erreicht wird (graphiteutektisches Gußeisen nach Schüz). Bei dem reinperlitischen Grauguß wird die Karbidbeständigkeit zweckmäßig durch bestimmte Zusätze, wie z. B. Chrom, gesichert. Grauguß für mittlere Temperaturen — Temperaturen des überhitzten und hochgespannten Dampfes — soll weitgehend entgast sein, der Graphit soll fein und gleichmäßig verteilt sein. Damit bei blättrigem Graphit die einzelnen Lamellen nicht zusammenhängen, muß der Silizium- und Schwefelgehalt niedrig sein. Abnorm überhitztes oder gerütteltes Gußeisen zweckmäßiger Zusammensetzung wird sich für diesen Guß am besten eignen.

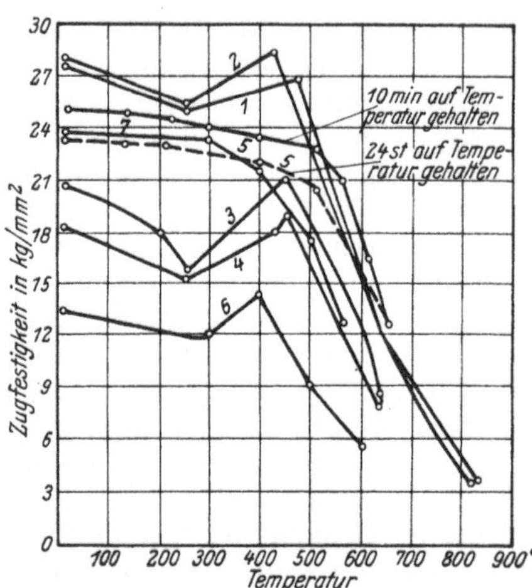

Fig. 5. Zugfestigkeit des Graugusses bei höheren Temperaturen.

Damit die Gießerei bei Gußstücken, die höheren Temperaturen ausgesetzt sind, die richtige Gußsorte in Anwendung bringt, ist es unbedingt notwendig, daß der Konstrukteur in der Zeichnung oder im Bestellschreiben hierauf aufmerksam macht.

2. Temperguß. Der Temperguß ist, wie aus Tabelle 2 zu ersehen ist, die teuerste Gußart. In seinen Gütewerten steht er zwischen dem Grau- und dem Stahlguß. Große und dickwandige Stücke lassen sich nur schwer tempern. Er kommt daher nur für dünnwandige und verwickelte Gußstücke in Frage, die sich infolge von Zug- und Biegebeanspruchungen nicht aus Grauguß, infolge der schwierigen Vergießbarkeit nicht aus Stahlguß herstellen lassen. Er steht in zwei Arten, dem amerikanischen oder schwarzkernigen und dem europäischen oder weißkernigen Temperguß zur Verfügung. Bei dem ersteren wird das weiße Roheisen des Rohgusses durch das Tempern in ferritischen Stahl übergeführt, in dem der Gesamtkohlenstoff als fein verteilte Temperkohle eingebettet ist. Bei dem europäischen Temperguß wird das weiße Roheisen durch das Glühfrischen in schmiedbares Eisen verwandelt, in dem je nach dem Grade der Entkohlung auch noch Temperkohlenreste eingeschlossen sind. An den Stellen, an denen die Temperkohle beim Glühfrischen vergast worden ist, sind feine Poren vorhanden[1]).

[1]) Näheres s. Heft Nr. 24, S. 60 u. folg.

Tabelle 6. Festigkeit und Temperatur bei Temperguß.

Temperatur °	Streckgrenze kg/mm²	Zugfestigkeit kg/mm²	Dehnung %	Temperatur °	Streckgrenze kg/mm²	Zugfestigkeit kg/mm²	Dehnung %
20	23,7	32,2	1,0	400	20,5	34,0	1,2
194	24,7	36,7	1,4	600	5,9	13,2	2,1

Die Tabelle 4 unterrichtet über die Gütewerte der Tempergußsorten. Tabelle 6 gibt auf Grund der Untersuchungen von Prof. Rudeloff die Veränderungen der Gütewerte von europäischem Temperguß bei höheren Temperaturen wieder.

3. Stahlguß. Stahlguß ist der hochwertigste Werkstoff, der für die Herstellung von Gußstücken aus Eisen zur Verfügung steht. Er ist infolge der hohen Temperatur der beginnenden Erstarrung schwer vergießbar. Die geringste Wandstärke, die bei einfachen Stahlgußstücken eingehalten werden kann, beträgt 5 mm. Es können Stücke kleinsten und größten Gewichtes (schwerstes Stück bisher 150 t) abgegossen werden. Seine Gütewerte können in den weitesten Grenzen durch Änderung der Zusammensetzung (legierte Stähle) und Warmbehandlung des Gusses (Glühen, Vergüten und Härten) verändert werden. Die Verwendung legierter Stähle erfährt dadurch eine Einschränkung, daß der vorteilhafte Einfluß des Legierungszusatzes gewöhnlich erst durch die Warmbehandlung des Vergütens zur Geltung kommt. Die ist aber bei großen Stücken an und für sich schwer durchführbar, bei verwickelten Stücken kann sich bei dem Härten das Gußstück auch noch verziehen, so daß es unbrauchbar wird. Aus den gleichen Gründen können bei dem unlegierten Stahlguß nur die kleinen und einfachen

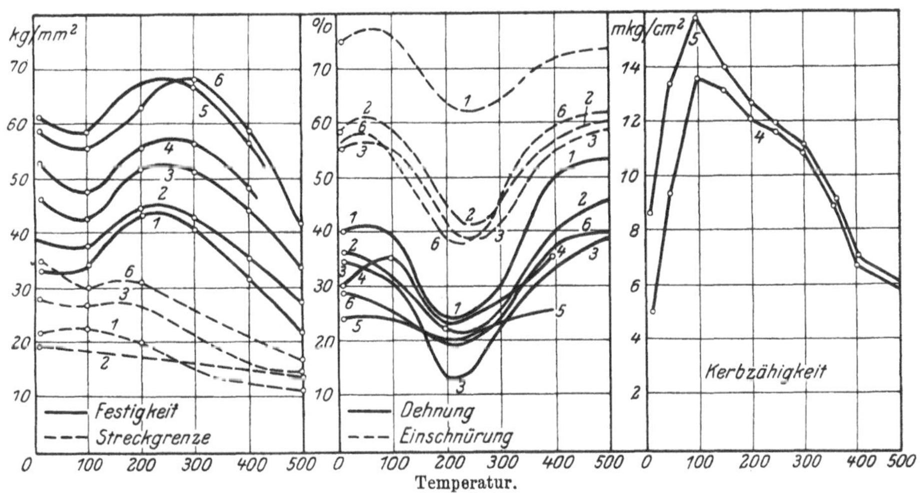

Fig. 6. Gütewerte des Stahlgusses bei höheren Temperaturen.

Tabelle 7. Analyse der Stahlguß-Warmzerreiß Proben der Fig. 6.

Stahlguß	Linienzug	C	Mn	Si	P	S	Untersucht von
basischer Siemens-Martin	1	0,09	0,47	0,10	0,013	0,029	A. Borsig, Berlin-Tegel
" " "	2	0,11	0,73	0,27	0,028	0,027	" " "
" " "	3	0,19	0,85	0,32	0,016	0,024	" " "
" " "	4	0,25	0,71	0,13	0,021	0,030	Dr. Ing. Pomp, Kaiser-Wilhelm-Inst.
basischer Elektro	5	0,34	0,84	0,39	0,031	0,009	" " " " " "
basischer Siemens-Martin	6	0,40	0,70	0,25	0,031	0,059	A. Borsig, Berlin-Tegel

Gußstücke vergütet werden. Tabelle 4 gibt eine Übersicht über die Gütewerte der verschiedenen Sorten von Stahlguß. Er ist heute durch DIN 1681 normalisiert[1]).

Die Verwendung der Stahlgußstücke bei höheren Temperaturen hatte zur Folge, daß die Veränderung der Gütewerte durch die Erhitzung auch für diesen Werkstoff untersucht wurde. Fig. 6 zeigt den Einfluß der Temperatur auf die Werte des Zerreißversuches und der Kerbschlagprobe. Die Veränderung der Gütewerte mit steigender Temperatur ist aus den einzelnen Linienzügen klar zu ersehen. Sie ist bei allen Härtegraden gleichartig. Aus der Zunahme der Kerbzähigkeit bis zu 200° ist zu entnehmen, daß die Verminderung der Dehnung und Einschnürung bei dieser Temperatur nicht mit einer Abnahme der Zähigkeit des Werkstoffes verbunden ist.

Der Konstrukteur hat in den vorstehend besprochenen Gußarten Werkstoffe für alle Arten der mechanischen, physikalischen und chemischen Beanspruchungen zur Verfügung. An Hand ihrer Gütewerte und seiner praktischen Erfahrungen wird es ihm möglich sein, den geeigneten Werkstoff auszuwählen. Von Vorteil wird es sein, wenn er dabei mit der Gießerei Hand in Hand arbeitet, da ihm die Schwierigkeiten nicht immer bekannt sein können, die sich aus der Natur des Werkstoffes bei der Herstellung des Gußstückes ergeben. Weiter besitzt die Gießerei in den meisten Fällen eine größere Erfahrung in bezug auf die Beurteilung der Brauchbarkeit der einzelnen Gußarten und ihrer Güteklassen für bestimmte Zwecke. Für jeden Fall sind der Gießerei bei der Bestellung des Gußstückes die Gütewerte genau vorzuschreiben; es ist weiter zu empfehlen, auch gleichzeitig den genauen Verwendungszweck bekanntzugeben.

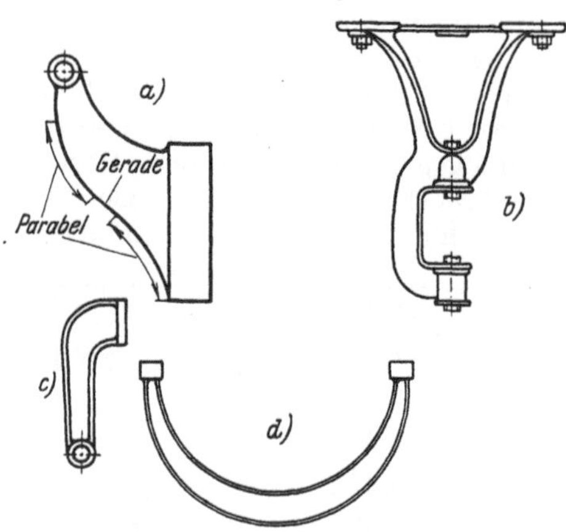

Fig. 7. Körper gleicher Festigkeit.

Hat der Konstrukteur den Werkstoff für das Gußstück gewählt, so muß er ihn durch zweckentsprechende Formgebung auch vollkommen ausnützen, indem er darauf achtet, daß sein Gußstück durch überall gleiche Bruchsicherheit das leichteste Gewicht bekommt: er muß die Gußstücke als Körper gleicher Festigkeit entwerfen (Fig. 7[2])). Weiter hat er für ihre einzelnen Teile den richtigen Querschnitt zu wählen. Welchen Einfluß der Querschnitt auf das Gewicht hat, zeigen die folgenden Beispiele. Die Arme eines Zahnrades oder eines anderen Speichenrades können entweder mit dem Querschnitt a oder mit dem Querschnitt b ausgeführt werden (Fig. 8). Querschnitt a bedingt bei gleichem Widerstandsmoment ein größeres Gewicht als Querschnitt b, da bei ihm in der neutralen Achse x—x zu viel Masse angehäuft ist. Bei gleicher Größe beider Querschnitte hat b in der neutralen Achse x—x ein fast dreimal so großes Widerstandsmoment als a. Bei seiner Anwendung kann daher das Gewicht der Arme und damit das Gewicht des ganzen Gußstückes leichter gehalten werden.

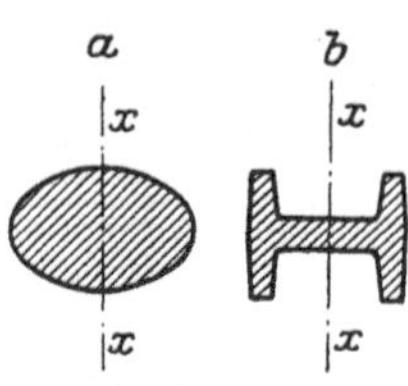

Fig. 8. Zahnradarm-Querschnitt.

[1]) Heft Nr. 24, S. 6 und 42/44.

[2]) Fig. 7 und die Fig. 8, 19, 30, 31, 32, 50, 75, 76, 93, 94, 95, 97, 100 und 101 sind der „Gießerei“ 1926, Nr. 17, entnommen.

Tabelle 8 enthält die Ergebnisse der Untersuchungen, die in einer englischen Gießerei über den Einfluß des Querschnittes des Probestabes auf seine Biegefestigkeit durchgeführt wurden. Es ist ihr zu entnehmen, daß die Biegefestigkeit des Probestabes bei rechteckigem Querschnitt nur halb so groß ist wie bei T-förmigem. Bei Wahl des ersteren müßte also bei den gleichen Beanspruchungen der Querschnitt und damit das Gewicht des Gußstückes in den Teilen, für die dieser Querschnitt in Frage kommt, doppelt so groß gewählt werden.

Tabelle 8. Einfluß der Querschnittsform auf die Biegefestigkeit.

Form des Querschnittes	Probe Nr.	Querschnitt		Verhältnis der Biegefestigkeit der einzelnen Querschnitte
		mm²	Verhältniszahl	
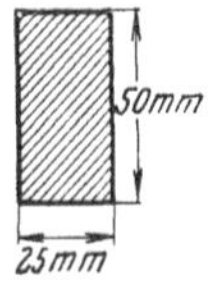 50 mm, 25 mm	1	1280	100	100
	2	1280	100	100
	Durchschnitt	1280	100	100
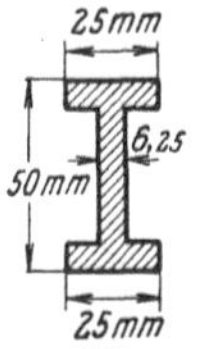 25 mm, 6,25, 50 mm, 25 mm	1	556,8	43,4	83,3
	2	556,8	43,4	81,3
	Durchschnitt	556,8	43,4	82,3
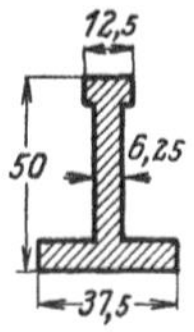 12,5, 6,25, 50, 37,5	1	556,8	43,4	88,3
	2	556,8	43,4	91,9
	Durchschnitt	556,8	43,4	90,1
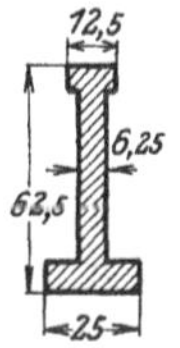 12,5, 6,25, 62,5, 25	1	556,8	43,4	90,2
	2	556,8	43,4	90,4
	Durchschnitt	556,8	43,4	90,3

II. Rücksichtnahme auf die Kristallisations- und Abkühlungsvorgänge. (Gießgerechter Entwurf.)

Die Vorgänge bei der Erstarrung und Abkühlung des Gußstückes bis auf gewöhnliche Temperatur sind ebenso wie die störenden Nebenerscheinungen, die unter Umständen dabei auftreten, von großem Einfluß auf die Güte des Gußstückes. Soll das Erzeugnis gesund sein, so müssen sie vom Konstrukteur beim Entwurf und vom Gießer bei der Herstellung berücksichtigt werden. Bei gleichmäßiger Abkühlung der Schmelze in allen Teilen der Form treten die einzelnen Vorgänge und störenden Nebenerscheinungen in der nachstehenden Reihenfolge auf:

1. Flüssige Schwindung (Lunkern),
2. Erstarrungsschwindung,
3. primäre Kristallisation (Erstarrung),
4. Kristallseigerung,
5. Blockseigerung,
6. Gasblasen und Gasblasenseigerung,
7. Schlackeneinschlüsse,
8. feste Schwindung (Spannungs- und Warmrisse),
9. Sekundäre Kristallisation.

Die unter 4 bis einschließlich 7 angeführten Erscheinungen sind als störende zu bezeichnen, da sie bei dem idealen Verlaufe der Erstarrung und Abkühlung einwandfreier Werkstoffe nicht auftreten. Die Abkühlung des Schmelzgutes geht aber nicht in allen Teilen der Form gleichmäßig vor sich; es werden daher die einzelnen Vorgänge nicht nur hinter-, sondern auch nebeneinander im Gußstück verlaufen. Sie lassen sich in die zwei Gruppen zusammenfassen:

A. Kristallisation und störende Nebenerscheinungen,

B. Schwindungsvorgänge und Folgeerscheinungen.

A. Kristallisation und störende Nebenerscheinungen.

In diese Gruppe gehören die primäre und die sekundäre Kristallisation als ordentliche Vorgänge, die Kristallseigerung, die Blockseigerung, die Gasblasen und Gasblasenseigerung und die Schlackeneinschlüsse als störende Begleiterscheinungen.

1. Primäre und sekundäre Kristallisation. Unter primärer Kristallisation sind die Kristallisationsvorgänge zu verstehen, die bei dem Übergang der Schmelze (flüssige Lösung der Legierung) in den festen Zustand vor sich gehen (Erstarrung der Schmelze). Von den verschiedenen Arten der Erstarrung der Legierungen kommen für die Eisen-Kohlenstoff-Legierungen nur die folgenden zwei in Betracht: 1. Die Schmelze erstarrt, ohne daß sie in ihre Bestandteile zerfällt; man sagt dann, sie ist in die „feste Lösung" übergegangen. Die Kristalle, aus denen sie sich nach dem Erstarren aufbaut, heißen Mischkristalle. Sämtliche nicht legierten und niedriglegierten Stähle (perlitische Stähle) erstarren in dieser Art. 2. Bei dem Erstarren der Schmelze scheidet sich einer der Bestandteile teilweise aus, während der Rest von ihm mit den anderen eine feste Lösung bildet. Alle Roheisensorten und einige hochlegierte Stähle (ledeburitische Stähle) gehen in dieser Art in den festen Zustand über.

Die aus der Schmelze ausgeschiedenen Mischkristalle können bei der Abkühlung auf die gewöhnliche Temperatur entweder beständig sein oder sie können von einer bestimmten Temperatur an in ihre Bestandteile zerfallen. Der Zerfall wird als sekundäre Kristallisation bezeichnet, er tritt bei sämtlichen Eisen-Kohlenstoff-Legierungen ein.

Bei den Legierungen, deren Bestandteile, wie beispielsweise das Eisen und der Kohlenstoff, mehr als ein System zu bilden vermögen, kann es vorkommen, daß während der Erstarrungs- und Abkühlungsvorgänge (primäre und sekundäre Kristallisation) das eine System in das andere übergeht. Von den technischen Eisensorten ist dies bei dem grauen Roheisen der Fall.

Die Kristallisationsvorgänge werden an Hand des *ct*-Schaubildes (des Zustandsdiagramms) der Legierung am besten beurteilt. Dieses Schaubild wird erhalten, wenn man von einer möglichst großen Zahl der Legierungen eines Systems die Abkühlungs- oder Anheiztemperatur-Zeitkurve aufnimmt. Wird dabei die Wärmeab- oder -zufuhr während der ganzen Zeit gleichgehalten, so wird an allen jenen Punkten, in denen Kristallisationsvorgänge oder Änderungen der Form eines der Legierungselemente (allotrope Modifikation) vor sich gehen, ein Halten der Temperatur oder zumindest eine Verzögerung der Temperaturänderung festzustellen sein. Diese Punkte werden daher als Haltepunkte bezeichnet. Werden sie im rechtwinkeligen Koordinatensystem, in dem der x-Achse die Prozentgehalte (Konzentration „c") der Legierungsbestandteile, der y-Achse die Temperatur („t") zugewiesen ist, aufgetragen, so erhält man das *ct*-Schaubild des betreffenden Systems. Das technische Eisen enthält neben dem Eisen und Kohlenstoff als Hauptbestandteile noch Mangan, Silizium, Phosphor, Schwefel, Sauerstoff und andere Elemente; es ist eigentlich eine verwickelte komplexe Legierung. Nichtsdestoweniger wird es, falls die Elemente, die neben dem Kohlenstoff im Eisen enthalten sind, die normale Höhe nicht übersteigen, als eine einfache Eisen-Kohlenstoff-Legierung angesehen. Es genügt daher für das Verständnis seiner Kristallisationsvorgänge, wenn nur die *ct*-Schaubilder der Eisen-Kohlenstoffsysteme herangezogen werden. Fig. 9 gibt in den voll ausgezogenen Linien das *ct*-Schaubild des metastabilen, d. i. des weniger stabilen Systemes — System Eisen-Eisenkarbid — (schmiedbares Eisen oder Stahl, weißes Roheisen) wieder. Die gestrichelten Linien entsprechen dem *ct*-Schaubild des stabilen Systems — System Eisen-Kohlenstoff (Graphit) — (ideales oder rein ferritisches graues Roheisen). Das normale technische graue Roheisen ist stets ein Gemisch des metastabilen und stabilen Systems. Die zur Fig. 9 gehörende Tabelle 9 gibt einen Überblick über die Vorgänge und die

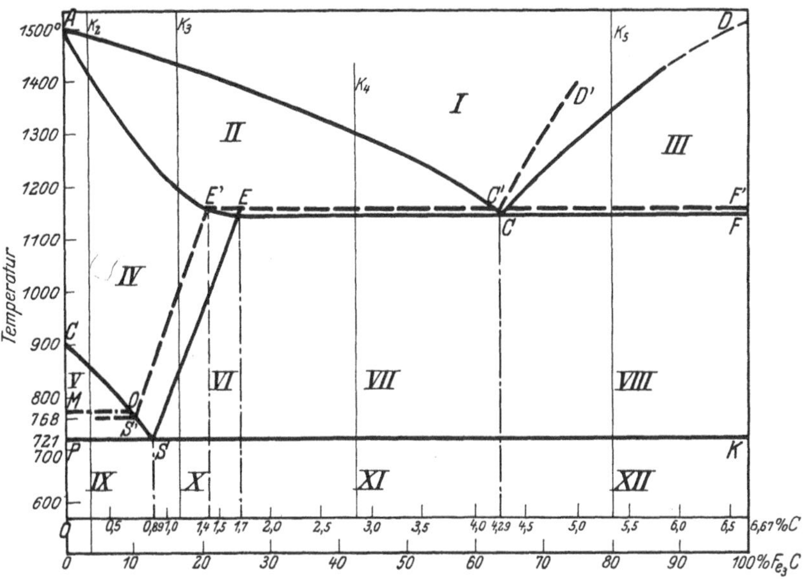

Fig. 9. *ct*-Schaubild der Eisen-Kohlenstofflegierungen.

——— metastabiles System — — — — stabiles System.

Tabelle 9. Vorgänge und Gefügebestandteile in den Feldern der Fig. 9.

Metastabiles (weniger stabiles) System	Stabiles System
A C D = Liquiduslinie, Temperaturen der beginnenden Erstarrung (*A C*, Ausscheidung von γ-Mischkristallen. *C D*, primärer Zementit).	*A C' D'* = Liquiduslinie, Temperaturen der beginnenden Erstarrung (*A C'*, Ausscheidung von γ-Mischkristallen, *C' D'*, primärer Graphit).
A E C F = Soliduslinie, Temperaturen der beendeten Erstarrung.	*A E' C' F'* = Soliduslinie, Temperaturen der beendeten Erstarrung.
G O S = Temperaturen des beginnenden Zerfalles der festen Lösung (Ferritausscheidung: *G O* β-Ferrit, *O S* α-Ferrit).	*S' E'* = Temperaturen des beginnenden Zerfalles der festen Lösung, Ausscheidung von sekundärem Graphit.
M O = Temperatur der magnetischen Umwandlung (β- in α-Ferrit).	*S'* = Zerfall des Restes der festen Lösung in das α-Ferrit-Graphit-Eutektoid.
P S K = Perlitlinie, Temperatur der Perlitumwandlung (Zerfall des Restes der festen Lösung in Perlit).	
S E = Temperatur des beginnenden Zerfalles der festen Lösung (Ausscheidung des sekundären Zementites).	
Feld I: Flüssige Legierung-Schmelze.	Feld I: Flüssige Legierung-Schmelze.
Feld II: Primäre Kristallisation, Schmelze und γ-Mischkristalle (feste Lösung des γ-Ferrit und Zementit).	Feld II: Primäre Kristallisation, Schmelze und γ-Mischkristalle (feste Lösung von γ-Ferrit und Graphit).
Feld III: Primäre Kristallisation, Schmelze und primärer Zementit.	Feld III: Primäre Kristallisation, Schmelze und primärer Graphit.
Feld IV: Feste Lösung oder γ-Mischkristalle.	Feld IV: Feste Lösung oder γ-Mischkristalle.
Feld V: Sekundäre Kristallisation, Ferrit und feste Lösung (*G M O* β-Ferrit, *M O S P* α-Ferrit).	Feld V: Sekundäre Kristallisation, Ferrit und feste Lösung, noch unerforscht.
Feld VI: Sekundäre Kristallisation, sekundärer Zementit und feste Lösung.	Feld VI: Sekundäre Kristallisation, sekundärer Graphit und feste Lösung.
Feld VII: Sekundäre Kristallisation, Ledeburit, sekundärer Zementit und feste Lösung.	Feld VII: Sekundäre Kristallisation, Graphit-Eutektikum, sekundärer Graphit und feste Lösung.
Feld VIII: Sekundäre Kristallisation, primärer Zementit, Ledeburit, sekundärer Zementit und feste Lösung.	Feld VIII: Sekundäre Kristallisation, Graphit-Eutektikum, primärer und sekundärer Graphit und feste Lösung.
Feld IX: Ferrit und Perlit.	Feld IX: Ferrit und Eutektoid von α-Ferrit und sekundärem Graphit (noch unerforscht).
Feld X: Sekundärer Zementit und Perlit.	Feld X: Sekundärem Graphit und Eutektoid von α-Ferrit und sekundärer Graphit.
Feld XI: Ledeburit, sekundärer Zementit und Perlit.	Feld XI: Eutektikum, sekundärer Graphit und Eutektoid.
Feld XII: Primärer Zementit und Ledeburit.	Feld XII: Primärer Graphit und Eutektikum.

Gefügebestandteile, die durch die einzelnen Linien der Schaubilder und ihre Felder gekennzeichnet sind. Um die Vorgänge bei der Erstarrung und Abkühlung einer Legierung des Systems aus dem Schaubild abzulesen, muß ihre Kennlinie (Ordinate *K*) eingezeichnet werden. Aus ihrer Lage im Schaubild können die Vorgänge der primären und sekundären Kristallisation der Legierung beurteilt werden.

Die Vorgänge, die bei der primären und sekundären Kristallisation der einzelnen unlegierten Gußarten auftreten, sind die folgenden:

a) Stahlguß. Stahlguß ist in Formen vergossener Stahl. Als Stahl werden die Legierungen des Eisens mit dem Eisenkarbid bezeichnet, deren Kohlenstoffgehalt 0÷1,7 % beträgt. Sämtliche Stähle erstarren in dem links vom Punkte *E* gelegenen Teil des Feldes II der Fig. 9 zur festen Lösung des γ-Ferrites und des Eisenkarbides (γ-Mischkristalle). Sie sind bei den Stählen von 0,1÷1,69 % C ungesättigt, bei dem Stahl mit 1,7 % C gesättigte Mischkristalle. Ihre Zusammensetzung ist bei idealem Verlaufe der Erstarrung vollkommen gleichmäßig, bei nicht idealem Verlaufe ist der Kern der Kristalle kohlenstoffärmer als der Rand, da die erst ausgeschiedenen Kristalle kohlenstoffärmer sind als die Schmelze; es liegt dann Kristallseigerung vor. Bei idealem Verlauf gleicht sich der Unterschied in der Zusammensetzung der zuerst und der später ausgeschiedenen Kristalle durch Diffusion von Kohlenstoff aus der Schmelze wieder aus. Nach dem Erstarren bleibt die feste Lösung, solange die Temperatur des Feldes IV nicht unterschritten wird, unverändert. Bei der weiteren Abkühlung unter diese Temperaturen tritt die sekundäre Kristallisation ein, durch die die Mischkristalle in ihre Bestandteile zerfallen. Bei den Stählen mit einem Kohlenstoffgehalt von 0,01÷0,88 % erfolgt der Zerfall in dem Temperaturfeld *V* in α-Ferrit und γ-Mischkristalle mit 0,89 % C. Bei den Stählen mit 0,00÷0,6 % C scheidet sich aus der festen Lösung bis zu der Temperatur von 768° β-Ferrit aus, unterhalb dieser Temperatur α-Ferrit. Der β-Ferrit geht bei der Temperatur von 768° ebenfalls in α-Ferrit über. Bei den Stählen mit über 0,89 % C geht die feste Lösung in dem Temperaturfeld VI in sekundären Zementit und γ-Mischkristalle mit einem Kohlenstoffgehalt von 0,89 % über. Bei Unterschreitung der Temperatur der *PSK*-Linie (Perlitlinie, eutektoidische Temperatur) zerfallen auch die γ-Mischkristalle mit 0,89 % C in α-Ferrit und eutektoidischen Zementit, die so gleichmäßig gelagert sind, daß beide zusammen als ein Sondergefügebestandteil „Perlit" angesprochen werden. Die γ-Mischkristalle des Stahles mit genau 0,89 % C zerfallen bei der Temperatur *S* unmittelbar zu Perlit. Im Verlaufe der weiteren

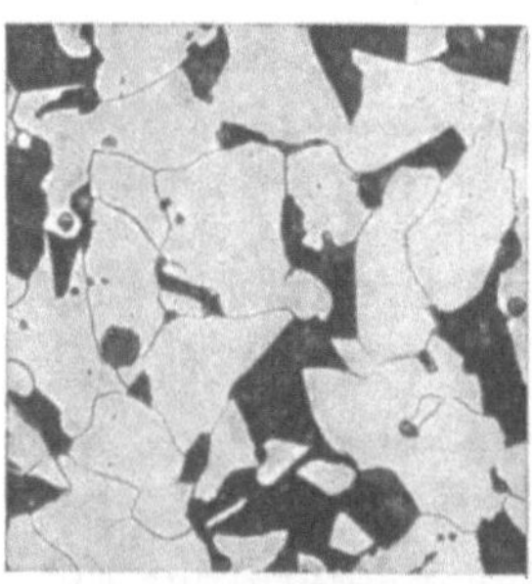

Fig. 10[1]. Unterperlitischer Stahl (C = 0,26). V = 100×

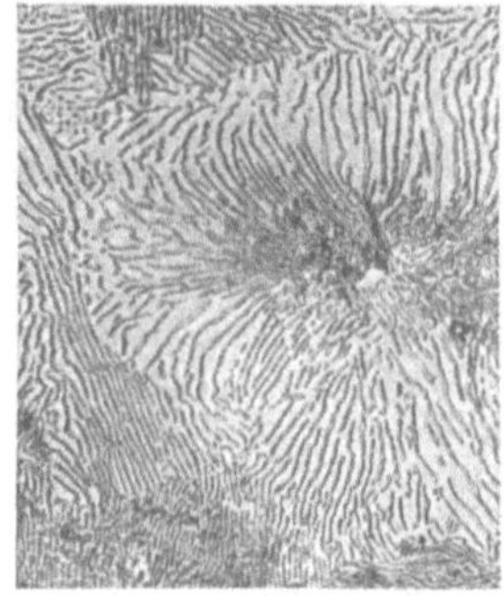

Fig. 11. Perlitischer Stahl (C = 0,85). V = 100×

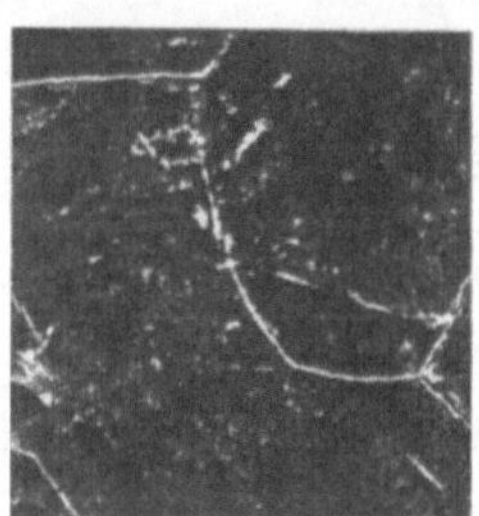

Fig. 12. Überperlitischer Stahl (C = 1,5). V = 100×

[1]) V = Vergrößerung. Fig. 10 und die Fig. 11, 12, 15, 16, 17, 18, 20, 21, 22, 28, 36, 46, 47, 55, 56 und 59 sind dem Buche „Das technische Eisen" von Paul Oberhoffer entlehnt (2. Aufl. Berlin: Julius Springer 1925).

Abkühlung treten keine Veränderungen mehr auf. Die Gefügebestandteile der verschiedenen Kohlenstoffstähle sind nach der Erstarrung und Abkühlung die folgenden: Stähle mit 0,01 bis zu 0,88 % C bauen sich aus α-Ferrit und Perlit auf, wobei der Gehalt an Perlit mit steigendem Kohlenstoffgehalt zunimmt. Sie heißen untereutektoide oder unterperlitische Stähle (Fig. 10). Der Stahl mit 0,89 % C besteht nur aus Perlit, er heißt eutektoider oder perlitischer Stahl (Fig. 11). Die Stähle mit einem Kohlenstoffgehalt von 0,90 ÷ 1,7 % C bestehen bei Zimmertemperatur aus sekundärem Zementit und Perlit, sie heißen übereutektoide oder überperlitische Stähle (Fig. 12). Der Gehalt an sekundärem Zementit nimmt mit steigendem Kohlenstoffgehalt zu. Fig. 13 zeigt die Größe der Anteile der verschiedenen Arten des Zementites und des Ferrites im Stahlguß (I÷IV). Fig. 14 gibt die Anteile der Gefügebestandteile in den Stählen mit verschiedenen Kohlenstoffgehalten wieder.

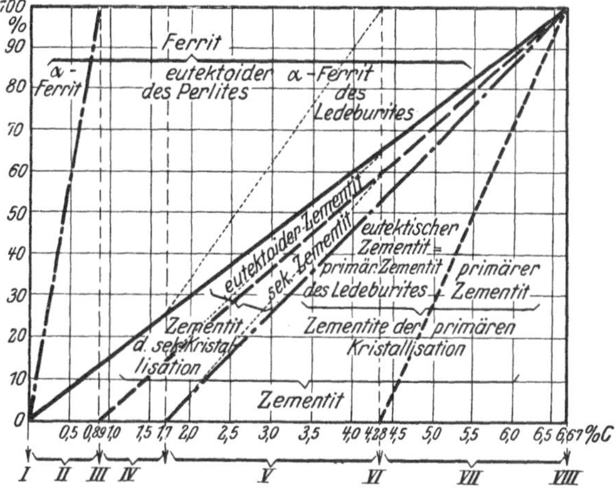

Fig. 13. Anteile der verschiedenen Arten des Zementites und Ferrites im Stahl- und Rohguß und in der metallischen Grundmasse des Graugusses.

Eutektoider Zementit = Sekundärer Zementit des Perlites und des Ledeburites.

Sekundärer Zementit = Zementit der sekundären Kristallisation der Mischkristalle von 0,9 bis zu 1,7 % C und der Mischkristalle des Ledeburites.

.... Auf den Ledeburit entfallende Anteile.

Sind in diesen Stählen keine besonderen Verunreinigungen (Phosphor, Schwefelanreicherungen, Schlackeneinschlüsse) vorhanden, die bei der sekundären Kristallisation als Kristallisationszentren wirken können, so werden Gestalt und Anordnung der Gefügebestandteile allein durch die Form und Größe der primär entstandenen Mischkristalle gegeben sein. Bei Vorhandensein von Verunreinigungen werden auch diese einen Einfluß hierauf haben.

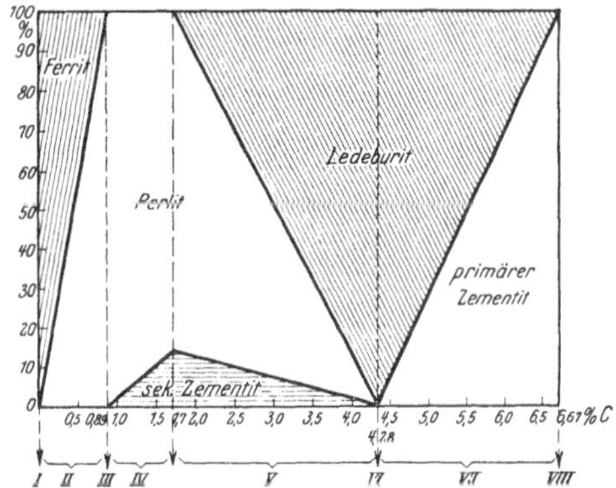

Fig. 14. Anteile der Gefügebestandteile im Stahl- und Rohguß und in der metallischen Grundmasse des Graugusses.

I. Ferritischer Stahl oder ferritische Grundmasse des Graugusses.
II. Unterperlitischer Stahl od. unterperlitische Grundmasse des Graugusses.
III. Perlitischer Stahl oder perlitische Grundmasse des Graugusses.
IV. Überperlitischer Stahl oder überperlitische Grundmasse des Graugusses.
V. Untereutektisches weißes Roheisen.
VI. Eutektisches weißes Roheisen.
VII. Übereutektisches weißes Roheisen.
VIII. Reiner Zementit.

Das Gefüge, das nach dem Erstarren und Abkühlen entsteht, heißt Gußgefüge. Es kann durch die Warmbehandlung des Glühens oder Vergütens verändert werden. Die Art der Veränderung steht aber in unmittelbarer Beziehung zur Form und Größe der Primärkristalle. Die mechanischen Eigenschaften des Stahlgusses sind also von dem Verlauf der Primärkristallisation abhängig.

Welche Faktoren beeinflussen Form und Größe der Primärkristalle, und welchen Einfluß haben der Konstrukteur und Gießereileiter auf sie?

Bei der Erstarrung beginnen sich in einzelnen Punkten, den Kristallisationszentren, Kristalle auszuscheiden, die bei der weiteren Abkühlung so lange weiter wachsen, bis sie an benachbarte stoßen, wodurch sie sich gegenseitig in der Ausbildung und im Wachstum stören. Die Einzelkristalle, aus denen sich der Stahl aufbaut, sind daher unregelmäßig ausgebildet. Sie sind außerdem kristallographisch verschieden orientiert. Fig. 15 gibt die Art der Entstehung der Kristalle, ihre Form und Orientierung schematisch wieder. Die Größe und Form der Kristalle hängt von

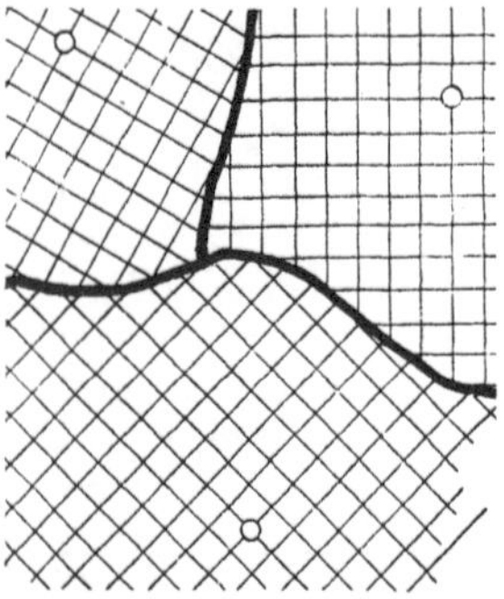

Fig. 15. Kristallbildung.

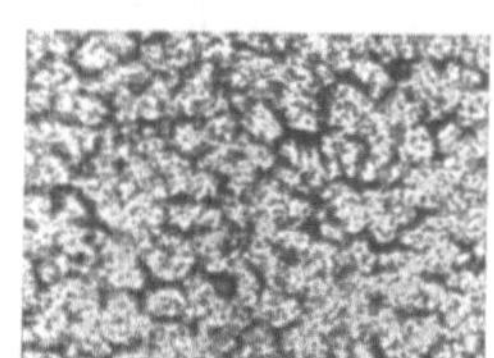

Fig. 16. Globulitische Kristalle. V = 4×

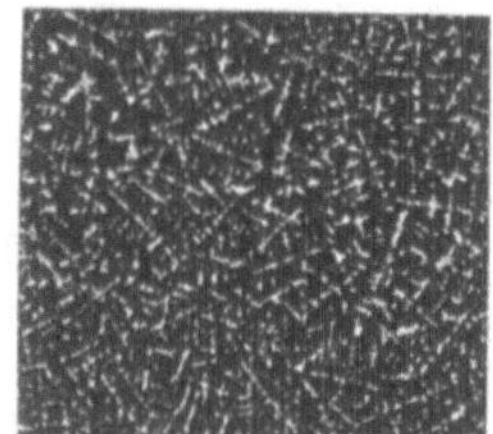

Fig. 17. Dendritische Kristalle. V = 2,5×

der Zahl der Kristallisationszentren (Kernzahl *KZ*) und der Kristallisationsgeschwindigkeit (*KG*) ab. Beide Werte nehmen mit der Unterkühlung der Schmelze oder, was dasselbe ist, mit der Abkühlungsgeschwindigkeit von 0 bis zu einem Höchstwert zu und wieder ab. Die Höchstwerte beider brauchen nicht zusammenzufallen. Die Kernzahl wird auch noch durch Einschlüsse, die vor dem Erstarren schon unlöslich vorhanden sind, beeinflußt, die als Keime wirken, die zur Entstehung von Kristallisationszentren Veranlassung geben. Bei der Kristallisation von Stahl ist festzustellen, daß die Korngröße mit der Geschwindigkeit der Abkühlung abnimmt. Es ist daraus zu folgern, daß bei diesem Werkstoff *KZ* mit der Geschwindigkeit der Abkühlung stärker wächst als *KG*. Der Grad der Unterkühlung beeinflußt durch die verschiedene Änderung von *KZ* und *KG* nicht nur die Größe, sondern auch die Form der Kristalle. Allgemein gilt als Regel, daß bei rascher Abkühlung (großer *KZ* und kleiner *KG*) globulitische oder polyedrische (Fig. 16), bei langsamer Abkühlung (kleiner *KG* und großer *KZ*) dentritische (Tannenbaum-) Kristalle (Fig. 17) entstehen. Erfolgt die Abkühlung bei kleiner Kernzahl in erster Linie nach bestimmten Richtungen und sind die Bedingungen dabei so, daß die Kristallisationsgeschwindigkeit überwiegt, so werden sich die Kristalle mit ihrer Hauptachse parallel zur Richtung des Wärmeabflusses einstellen: sie werden nur senkrecht zur abkühlenden Fläche wachsen. Ein derartiges Wachstum ist in Fig. 18 schematisch wiedergegeben. Diese Art der Kristallisation wird als Transkristallisation bezeichnet. Gußstücke mit Transkristallisation werden an den Trennungsflächen der einzelnen Kristallgruppen den geringsten Widerstand besitzen, der noch dadurch verkleinert wird, daß die Verunreinigungen an diesen Flächen in besonderem Ausmaße angesammelt sein werden. Hat das Gußstück scharfe Ecken und tritt Transkristallisation auf, so kann dies die Entstehung von Rissen zur

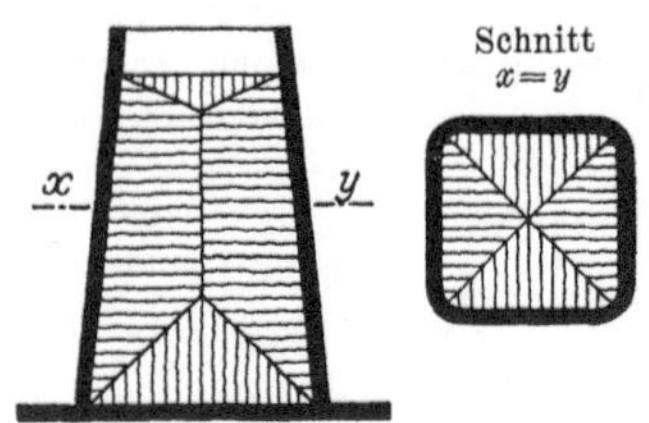

Fig. 18. Transkristallisation.

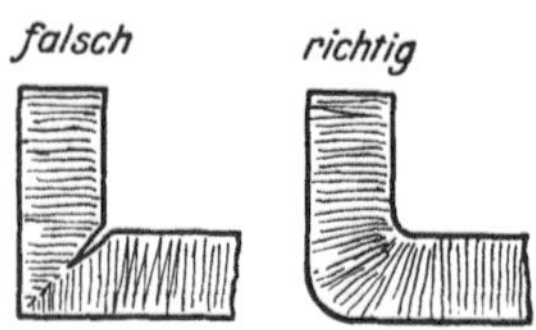

Fig. 19. Ausbildung der Ecken.

Folge haben. Ihr kann durch Abrundung der Ecken entgegengewirkt werden (Fig. 19). Bei dendritischer Kristallisation sind die Kristalle in der Regel größer als bei globulitischer Erstarrung. Die besten Gütewerte wird das Gußstück bei globulitischem Gefüge aufweisen; damit es erreicht wird, muß das Erstarrungsintervall möglichst rasch durchlaufen werden, d. h. der Werkstoff muß sich während des Erstarrens schnell abkühlen. Die Abkühlungsgeschwindigkeit hängt von den Erstarrungsverhältnissen — Gießtemperatur, Gießgeschwindigkeit, Wandstärke, Formstoffen und Temperatur der Form — ab. Von diesen Faktoren hat die Wandstärke, da sie gegeben ist, während der Erstarrung also nicht zweckentsprechend geändert werden kann, den größten Einfluß (s. Heft 24, S. 39).

Der Konstrukteur kann die Ausbildung der Primärkristalle durch die Wahl der Wandstärke beeinflussen. Er hat bei dem Entwurfe mit Rücksicht auf die Ausbildung des günstigsten Gußgefüges auf möglichst gleiche Wandstärke zu achten. Ist die Einhaltung einer gleichen Wandstärke nicht möglich, so soll wenigstens das Verhältnis des Umfanges zum Querschnitt in allen Teilen des Gußstückes möglichst gleich sein. Weiter soll er scharfe Ecken tunlichst vermeiden, da diese bei Transkristallisation zu Rissen Veranlassung geben können.

Der Gießer hat die anderen Faktoren zu regeln. Den geringsten Einfluß auf die Art der Erstarrung kann er durch die Wahl des Formstoffes ausüben, da die verschiedenen in Betracht kommenden feuerfesten Werkstoffe keinen besonderen Unterschied im Wärmeleitvermögen besitzen. In einzelnen Fällen wird er jedoch zur raschen Abkühlung einzelner Teile des Gußstückes zu dem Hilfsmittel greifen, daß er an diesen Stellen Schreckplatten aus Eisen (Kokillen) einlegt.

Die Temperatur der Form wird im allgemeinen so niedrig als möglich gehalten. Kleine, nicht zu verwickelte Stücke werden in der nassen Form abgegossen. Bedingung ist, daß während der Erstarrung sich kein Dampf bildet. Bei kleinen verwickelten, weiter bei dickwandigen oder schweren Stücken muß die Form trocken abgegossen werden; bei den ersteren, um den Abguß überhaupt zu ermöglichen, bei den letzteren, um die Dampfentwicklung während des Erstarrens zu vermeiden. Sandformen werden nur getrocknet, Formen aus Masse müssen gebrannt werden, damit auch das chemisch gebundene Wasser des Tones der Masse ausgetrieben wird. Nach dem Trocknen oder Brennen braucht die Form beim Abguß nur so warm zu sein, daß Feuchtigkeit nicht wieder angezogen wird.

Planmäßige Untersuchungen über den Einfluß der Gießtemperatur und der Gießgeschwindigkeit auf die Ausbildung der Kristallite der verschiedenen Stahlsorten bei wechselnder Wandstärke des Gußstückes liegen noch nicht vor. Allgemein kann gesagt werden, daß der Stahl um so schneller das Erstarrungsintervall durchlaufen und daher um so feinkörniger erstarren wird, je langsamer und kälter er vergossen wird. Als allgemeine Regel gilt daher, daß jedes Gußstück so matt und so langsam abgegossen werden soll, wie es seine Form und Wandstärke zulassen. Ob die Überhitzung des Stahles beim Schmelzen auf die Ausbildung der Kristalle einen Einfluß hat, darüber sind bisher noch keine Untersuchungen angestellt worden, es ist jedoch nicht ausgeschlossen, daß ein solcher Einfluß besteht.

b) Rohguß (Temperguß). Rohguß ist weißes Roheisen. Ist sein Kohlenstoffgehalt gleich $1{,}71 \div 4{,}28\,\%$ oder $4{,}30 \div 6{,}63\,\%$, so erstarrt es in einem Temperaturbereich (Feld II und III der Fig. 9, S. 19). Enthält es $4{,}29\,\%$ C, so geht es bei der Temperatur von 1145^0 — eutektische Temperatur oder Temperatur der Linie ECF — in den festen Zustand über. Bei den Roheisen mit $1{,}71 \div 4{,}28\,\%$ C scheiden sich innerhalb des Feldes II gesättigte γ-Mischkristalle aus der Schmelze aus, während bei den Roheisen mit über $4{,}30\,\%$ C innerhalb des Feldes III Zementit (primärer Zementit) auskristallisiert. In beiden Fällen nimmt der C-Gehalt des

Restes der Schmelze bei der Temperatur von 1145° den Wert von 4,29 % an. Wird diese Temperatur unterschritten, so erstarrt der Rest ebenso wie die Schmelze des Roheisens mit 4,29 % C zu gesättigten γ-Mischkristallen und Zementit, die sich so gleichmäßig nebeneinander lagern, daß sie als ein Gefügebestandteil „Ledeburit" — Eutektikum von gesättigten γ-Mischkristallen und Zementit — angesprochen werden. Die Roheisen von 1,71÷4,28 % C werden untereutektische, das mit 4,29 % C eutektisches und die mit über 4,3 % C übereutektische Roheisen genannt. Bei der weiteren Abkühlung zerfallen die gesättigten γ-Mischkristalle in sekundären Zementit und Perlit. Bei normaler Temperatur besteht das Gefüge der untereutektischen Roheisen aus Perlit, sekundärem Zementit und Ledeburit (Fig. 20), des eutektischen Roheisens aus Ledeburit (Fig. 21), der übereutektischen Roheisen aus Ledeburit und primärem Zementit (Fig. 22). Im Ledeburit selbst sind die Mischkristalle auch in sekundären Zementit und Perlit zerfallen. Die Anteile der einzelnen Gefügebestandteile sowie die Arten des Ferrites und Zementites sind den Fig. 13 und 14 zu entnehmen (V, VI, VII).

Für Rohguß wird nur untereutektisches Roheisen verwendet. Sein Gefüge wird bei der nachfolgenden Wärmebehandlung vollständig zerstört, es hat daher auf

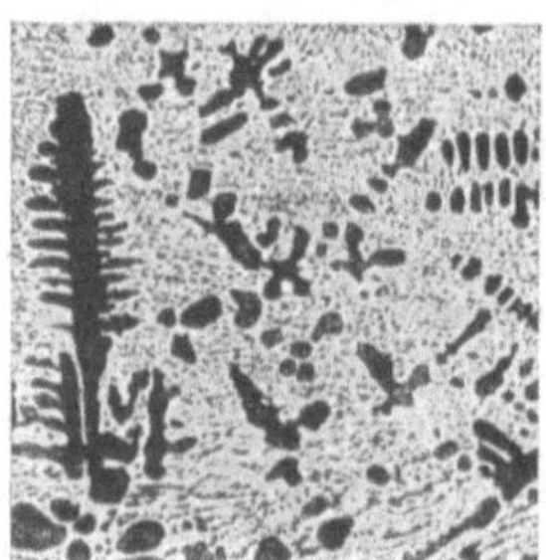

Fig. 20. Untereutektisches Roheisen. V = 100 ×

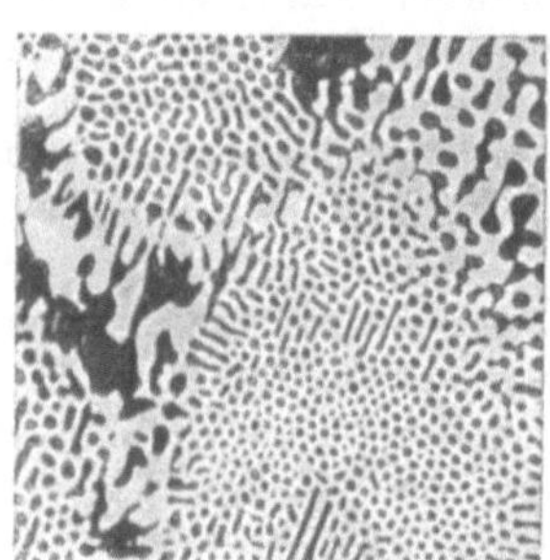

Fig. 21. Eutektisches Roheisen. V = 100 ×

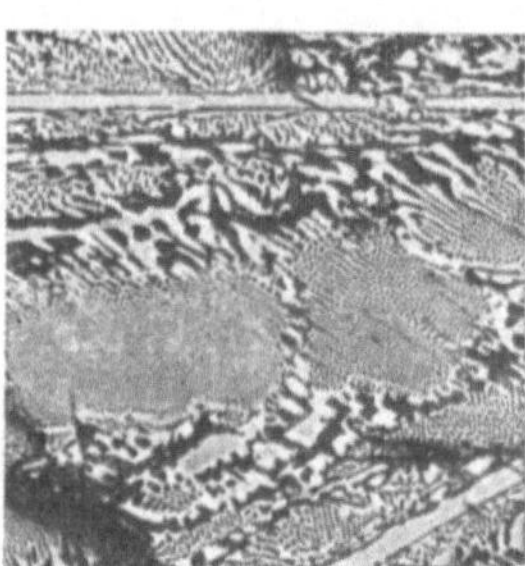

Fig. 22. Übereutektisches Roheisen. V = 100 ×

die Güte des Tempergusses keinen Einfluß. Der Rohguß muß weiß erstarren und soll leicht in den schmiedbaren Zustand überführbar sein. Beides hängt von seiner chemischen Zusammensetzung und den Wandstärken des Gußstückes ab. (Heft 24, S. 47.) Der Konstrukteur soll daher auch beim Temperguß möglichst gleiche Wandstärke anstreben. Der Gießer hat auf die richtige Zusammensetzung zu achten und die Gießtemperatur und -geschwindigkeit sowie die Temperatur der Form so zu wählen, daß kein Fehlguß entsteht.

c) Grauguß. Das graue Roheisen hat je nach dem Verlaufe der Erstarrung und Abkühlung ein verschiedenes Gefüge: Es enthält den Kohlenstoff entweder nur als Graphit oder als Graphit und gebundenen Kohlenstoff (Zementit). Es kann in allen Fällen als ein Stahl aufgefaßt werden, in dessen metallische Grundmasse der Graphit eingelagert ist. Die metallische Grundmasse selbst ist je nach dem Gehalt des Roheisens an gebundenen Kohlenstoff verschieden aufgebaut: enthält das Roheisen den Kohlenstoff zur Gänze in Form von Graphit, so ist es als ein ferritischer Stahl mit Graphiteinlagerung anzusprechen (gebundener Kohlenstoff = 0); seine Gefügebestandteile sind Ferrit und Graphit (Fig. 23). Ist der Gehalt an gebundenem Kohlenstoff $\lesseqgtr$ 0,88 %, so ist es ein untereutektoider Stahl mit eingesprengtem Graphit; es besteht dann aus Ferrit, Perlit und Graphit (Fig. 24). Erreicht der Gehalt an gebundenem Kohlenstoff genau die Höhe von 0,89 %, so ist das Roheisen als ein eutektoider Stahl mit Graphiteinschluß zu bezeichnen; es baut sich aus Perlit und Graphit auf. Überschreitet der Gehalt an gebundenem Kohlenstoff den Betrag von 0,9 %, so ist das Roheisen ein übereutektoider Stahl mit Graphiteinschluß, seine Bestandteile sind Perlit, Zementit und Graphit. Die Anschauung, daß der Grauguß als Stahl angesprochen werden kann, dessen metallische Grundmasse durch Graphit unterbrochen ist, erleichtert das Verständnis für das Kleingefüge und das Verhalten des Graugusses.

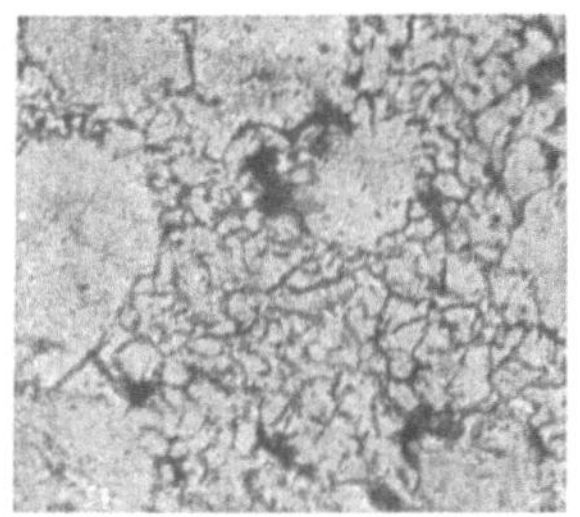

Fig. 23[1]. Ferritischer Grauguß. V = 350 ×

Fig. 24. Perlitischer Grauguß. V = 350 ×

Die Vorgänge bei der Erstarrung und Abkühlung haben beim grauen Roheisen eine doppelte Wirkung. Einerseits beeinflussen sie die Ausbildung der primären und sekundären Kristallite der metallischen Grundmasse, andererseits wirken sie auf die Menge und Form des Graphites ein. Der Einfluß, den der Graphit auf die Eigenschaften des grauen Roheisens ausübt, ist der weitaus größere. Grauguß wird nach dem Erstarren und Abkühlen in der Regel nicht mehr warm behandelt. Die Ausbildung des primären und sekundären Gefüges ist daher für die Güte des Werkstoffes maßgebend. Er wird um so hochwertiger sein, je günstiger das Gefüge der metallischen Grundmasse, je geringer die Menge des Graphites und je feiner und gleichmäßiger er ausgeschieden ist. Bezüglich des Einflusses der metallischen Grundmasse auf die mechanischen Eigenschaften des Graugusses ist zu sagen, daß derjenige Guß am besten sein wird, dessen metallische Grundmasse rein perlitisches (eutektoides) Gefüge hat. Von welchen Faktoren wird die Ausbildung des Gefüges nun beeinflußt?

Die Erstarrungs- und Abkühlungsvorgänge des Graugusses sind nicht so einfach zu erklären wie die des Stahl- und Rohgusses. Das technische graue Roheisen ist, wie schon früher erwähnt wurde, im festen Zustand eine Mischung des stabilen und metastabilen Systems. Bezüglich des Zustandes der Schmelze und der Vorgänge beim Erstarren und der Abkühlung des grauen Roheisens liegen zwei Annahmen vor. Nach der einen, die von Prof. Dr. Hanemann vertreten wird, ist in der Schmelze des grauen Roheisens nur das stabile System vorhanden. Das metastabile System entsteht nach seiner Annahme erst bei der Abkühlung der erstarrten Legierung aus dem stabilen System. Nach dieser Annahme baut sich das Gefüge des technischen Roheisens, das unter 4,29 % C enthält, nach dem Erstarren aus dem Graphiteutektikum (Eutektikum zwischen gesättigten γ-Mischkristallen des stabilen Systems und Graphit) und gesättigten γ-Mischkristallen des stabilen Systems auf. Die letzteren zerfallen bei der weiteren Abkühlung entlang der Linie $E'S'$ (Fig. 9, S. 19) in Temperkohle und ungesättigte Mischkristalle des stabilen Systems. Wird bei der weiteren Abkühlung die Abkühlungsgeschwindigkeit des Gußstückes größer als die Zerfallsgeschwindigkeit der γ-Mischkristalle des stabilen Systems, so geht das stabile System in das metastabile über. Je nachdem, bei welchem Kohlenstoffgehalt dieser Übergang erfolgt, ist das Gefüge der metallischen Grundmasse verschieden: War der Kohlenstoffgehalt zur Zeit des Überganges über 0,89 %, so zerfallen die Mischkristalle weiter in sekundären Zementit und Perlit; die metallische Grundmasse wird dann über-

[1]) Fig. 23, 24 und 27 sind dem Geigerschen Handbuch der Eisen- und Stahlgießerei 1925 entnommen.

perlitisch sein. War der Kohlenstoffgehalt im Augenblick des Überganges genau 0,89 %, so zerfällt die feste Lösung des metastabilen Systems in dem Punkt *S* in Perlit; die metallische Grundmasse ist dann rein perlitisch. War der Kohlenstoffgehalt zur Zeit des Überganges unter 0,89 %, so zerfällt die feste Lösung entlang der Linie *GES* und *PSK* in α-Ferrit und Perlit; die metallische Grundmasse ist dann unterperlitisch. Der Übergang des einen Systems in das andere hängt von der Abkühlungsgeschwindigkeit des Gußstückes und der Zerfallsgeschwindigkeit der γ-Mischkristalle des stabilen Systemes ab. Die Abkühlungsgeschwindigkeit wird durch die Erstarrungsverhältnisse (Gießtemperatur, Gießgeschwindigkeit, Temperatur der Form, Wärmeleitvermögen der Form, Wandstärke des Gußstückes) beeinträchtigt. Die Zerfallsgeschwindigkeit steht in Beziehung zur chemischen Zusammensetzung des Roheisens und zu seiner Überhitzung während des Schmelzens. Die chemische Zusammensetzung übt nicht nur einen Einfluß auf die Zerfallsgeschwindigkeit aus, sondern sie beeinflußt auch das Gefüge der Grundmasse dadurch, daß sie die Lage der Linie *E'S'* verändert. Die weitaus größte Auswirkung auf die Lage dieser Linie hat das Silizium (Fig. 25).

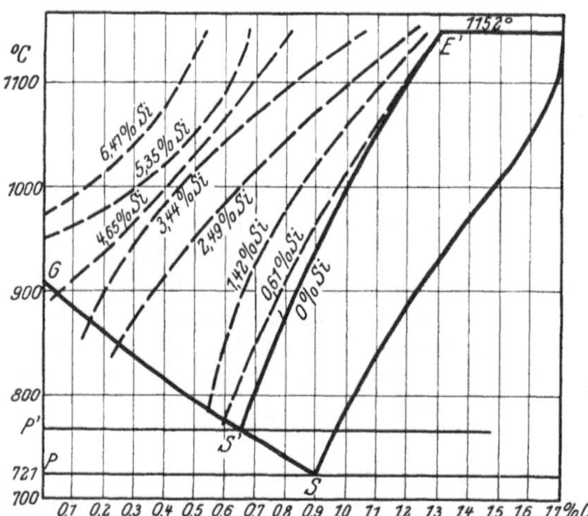

Fig. 25. Lage der Linie *E'S'* für verschiedene Siliziumgehalte nach Morschel.

Die zweite von Heyn und Bauer herrührende Annahme sagt, daß sämtliche untereutektischen und eutektischen Eisen-Kohlenstoff-Legierungen auch bei hohem Siliziumgehalt nach dem *ct*-Schaubild des metastabilen Systems, also weiß, erstarren. Erst nach dem Unterschreiten der eutektischen Temperatur (Linie *ECF*) zerfällt der eutektische und der sekundäre Zementit mehr oder weniger in seine Bestandteile Ferrit und Graphit bzw. Temperkohle, wodurch ihr Bruch grau wird. Nach dieser Annahme geht bei dem technischen grauen Roheisen das metastabile System nach dem Erstarren ganz oder teilweise in das stabile System über. Je nach der Stärke des Zerfalles des Zementites wird der Gehalt des Graugusses an gebundenem Kohlenstoff verschieden hoch sein und dementsprechend wird das Gefüge seiner metallischen Grundmasse reinferritisch, unterperlitisch, perlitisch oder überperlitisch sein. Die Stärke des Zerfalles hängt von der Abkühlungsgeschwindigkeit der Legierung und der Zerfallsgeschwindigkeit der Zementite ab. Die erstere wird von den Erstarrungsverhältnissen, die letztere von der chemischen Zusammensetzung der Schmelze und dem Grad ihrer Überhitzung beeinflußt.

Beide Annahmen lassen eine Erklärung für die Entstehung der verschiedenen Gefüge des Graugusses zu. Die Art seines Gefüges hängt von beiden nach den gleichen Faktoren — chemische Zusammensetzung, Grad der Überhitzung, Erstarrungsverhältnisse — ab. Diese Faktoren wirken nicht nur auf das Gefüge der metallischen Grundmasse und damit auf die Menge des ausgeschiedenen Graphites ein, sie beeinflussen auch die Form und Größe des Graphits und die der Kristallite der metallischen Grundmasse. Neben der Art des Gefüges der metallischen Grundmasse haben Form und Größe des Graphits den größten Einfluß auf die Güte des Graugusses; und zwar überragt der Einfluß des Graphits auf die Güte den Einfluß der Grundmasse. Von den beiden Eigenschaften des Graphits (Form, Größe) hat die Form die stärkere Einwirkung auf die Güte.

Der Graphit kann entweder blättrig oder gleichmäßig verteilt auftreten. In beiden Fällen kann er je nach den bestehenden Verhältnissen gröber oder feiner vorhanden sein. Der Graphit tritt blättrig dann auf, wenn beim Erstarren in der Schmelze noch ungelöste Graphitkeime vorhanden waren. Dies ist dann der Fall, wenn die Schmelze nur wenig überhitzt oder nur kurze Zeit im Fluß erhalten worden war. Langandauernde Erhitzung oder starke Überhitzung der Schmelze wirken also auf die Ausscheidung des Graphites in gleichmäßig verteilter Form günstig ein. Die Menge und der Grad der Feinheit des ausgeschiedenen Graphits hängen von der Abkühlungsgeschwindigkeit der Schmelze und der erstarrten Legierung, dem Grad der Überhitzung der Schmelze, ihrer chemischen Zusammensetzung und ihrer mechanischen Behandlung ab. Mit abnehmender Abkühlungsgeschwindigkeit — steigender Gießtemperatur, größerer Gießgeschwindigkeit, höherer Temperatur der Form, schlechterem Wärmeleitvermögen der Formstoffe, zunehmender Wandstärke des Gußstückes — nimmt ganz allgemein die Menge des ausgeschiedenen Graphits zu. All diese Faktoren mit Ausnahme der steigenden Gießtemperatur tragen auch dazu bei, daß mit ihrer Steigerung eine Vergröberung des Graphits eintritt. Den stärksten Einfluß auf die Menge und die Art des Graphits hat jedoch die Überhitzung und die mechanische Behandlung der Schmelze, sowie die Gießtemperatur.

Die Untersuchungen von Dr. Piwowarski über den Einfluß der Überhitzung der Schmelze auf die Graphitausscheidung haben folgendes ergeben: 1. Jedem flüssigen Roheisen bzw. Gußeisen kommt eine Temperatur zu, bis zu der unter sonst gleichen Verhältnissen eine Abnahme des Graphitgehaltes festzustellen ist. Nach ihrem Überschreiten nimmt die Neigung zum grauen Erstarren wieder zu. Ihre Höhe hängt von der chemischen Zusammensetzung des Roheisens, und zwar in erster Linie von seinem Siliziumgehalt ab. Es wird dadurch die Erscheinung, daß derselbe Grauguß, bei gleichen Erstarrungsverhältnissen, einmal mehr, das andere Mal weniger grau erstarrt, erklärt. 2. Mit dem Grad der Überhitzung der Schmelze nimmt der Feinheitsgrad des Graphits zu. Nach Piwowarski ist diese Erscheinung darauf zurückzuführen, daß mit zunehmender Überhitzung die Schmelze beim Erstarren zunehmend unterkühlt, d. h. ihre eutektische Temperatur erniedrigt wird. Dieses geht dann in Gebieten großer Kernzahlen des Karbids vor sich, so daß sich das Karbid, und damit auch der durch seinen Zerfall entstehende Graphit, mit zunehmender Überhitzung in immer feinerer Form ausscheidet. 3. Abnorme Erhitzung der Schmelze und Vergießen bei hoher Temperatur macht das Gußeisen gegenüber dem Einfluß, den die verschiedene Wandstärke auf die Abkühlungsgeschwindigkeit und damit auf die Stärke und Größe der Graphitausscheidung hat, unempfindlicher. Die Unterkühlung, die durch die abnorme Überhitzung der Schmelze herbeigeführt wird, hat zur Folge, daß die Schmelzwärme in zeitlich starker Konzentration in dem Temperaturbereich des Karbidzerfalles frei wird. Sie führt auch bei schwächeren Wandstärken einen stärkeren Zerfall des Karbids herbei. Das Vergießen bei hoher Temperatur hat außerdem eine weitgehendere Vorwärmung der Form zur Folge, die ebenfalls den Einfluß der wechselnden Wandstärke auf die Graphitausscheidung ausgleicht. Die abnorme Überhitzung der Schmelze und ihr Vergießen bei hoher Temperatur ist daher ein geeignetes Mittel, um erstens durch die Zerstörung der Graphitkeime eine gleichmäßig verteilte, und zweitens durch die Unterkühlung bei dem Erstarren eine feine, in allen Teilen des Gußstückes möglichst gleichmäßige Graphitausscheidung zu erlangen. 4. Abnorm überhitztes Gußeisen erstarrt dichter als normal erschmolzenes, da mit dem Grade der Überhitzung die Gasausscheidung im Erstarrungsintervall abnimmt.

Die systematische abnorme Überhitzung stellt daher ein Verfahren vor, das für die Herstellung eines hochwertigen Gußeisens allgemein brauchbar und daher außerordentlich wertvoll ist. Durch Anwendung dieses Verfahrens konnten schon Festigkeitswerte bis zu 42 kg/mm^2 für Zug- und 73 kg/mm^2 für Biegefestigkeit ohne Nachbehandlung des Graugusses erreicht werden. Bei Grauguß mit etwa 0,4 % P, der im Kupolofen erschmolzen wurde, wurden bei Anwendung dieses Verfahrens bis zu 36 kg/mm^2 Zugfestigkeit erhalten.

Einen ähnlichen Einfluß wie die Überhitzung hat auch die mechanische Behandlung (Rütteln und Schütteln) der Schmelze. Durch sie wird ebenfalls eine feine und gleichmäßige Verteilung des Graphites und eine Aufhebung des Einflusses der Abkühlungsgeschwindigkeit, sowie eine Verminderung des Gasgehaltes der Schmelze und damit der Gasausscheidung beim Erstarren erreicht. Das Rüttelverfahren wurde von Dr. Dechesne ausgearbeitet, es wird in den Spandauer Industriewerken durchgeführt. Durch das Rütteln und Schütteln der Schmelze lassen sich nach den Mitteilungen dieser Werke, gleichviel ob das Eisen 1,6 oder 2,6 % Si, 3,2 oder 3,6 % C enthält, bei normalen Gießtemperaturen von 1350÷1400^0 Zerreißfestigkeiten von 30÷40 kg/mm^2 und Biegefestigkeiten von 50÷60 kg/mm^2 mit 15 mm Durchbiegung an 30-mm-Probestäben erreichen. Gerütteltes Gußeisen erstarrt auch in den dünnsten Querschnitten grau.

Von den Elementen des grauen Roheisens haben Kohlenstoff und Silizium den größten Einfluß auf die Form und die Menge der Graphitausscheidung: Mit steigendem Kohlenstoff- und Siliziumgehalt nimmt im allgemeinen die Graphitausscheidung zu. Steigender Mangan- und Schwefelgehalt vermindert sie. Der Phosphor begünstigt ebenfalls die Graphitausscheidung, sein Einfluß ist aber weitaus schwächer als der des Siliziums. Silizium und Schwefel beeinflussen auch die Form der Graphitblätter sehr stark. Bei einem hohen Silizium- und Schwefelgehalt sind die Blätter sehr lang und dünn ausgebildet; es tritt dabei oft die Erscheinung auf, daß sie miteinander in Verbindung stehen. Eine derartige Ausbildung des Graphites ist besonders dann von großem Nachteil, wenn es sich um einen Guß handelt, der wiederholt Erhitzungen und Abkühlungen ausgesetzt ist. Es tritt in diesem Fall sehr rasch eine merkliche Oxydation der Kernzone ein, die dazu Veranlassung gibt, daß das Gußstück stark wächst.

Der Konstrukteur hat auch beim Grauguß nur durch die Festlegung der Wandstärke einen Einfluß auf das Gefüge. Es gilt mit Rücksicht auf die Gleichmäßigkeit des Gußgefüges für ihn auch für diese Gußart die Regel, die Wandstärke des Gußstückes oder das Verhältnis des Umfanges des Querschnittes zu dessen Fläche in allen seinen Teilen so gleichmäßig wie möglich zu halten.

Der Gießer kann das Gefüge durch die Gießtemperatur, die Gießgeschwindigkeit, die Temperatur der Form, den Formstoff, den Grad der Überhitzung, die chemische Zusammensetzung und die mechanische Behandlung der Schmelze beeinflussen. Die wichtigsten Faktoren sind die drei letztgenannten.

Gießtemperatur und Gießgeschwindigkeit lassen sich in ziemlich weiten Grenzen regeln. Mit Rücksicht auf das Gefüge wird der Gießer die Geschwindigkeit des Gießens so niedrig wählen, wie es nach der Form des Stückes und dessen Wandstärke möglich ist. Die Gießtemperatur wird er jedoch wegen ihres günstigen Einflusses auf die Graphitausscheidung möglichst hoch halten. Eine hohe Gießtemperatur gibt auch zu einer netzförmigen Verteilung des Phosphideutektikums Veranlassung, die für die Güte des Gusses von Vorteil ist.

Die Formstoffe (Lehm und Sand), die bei der Herstellung des Graugusses in Frage kommen, haben auf die Art der Erstarrung den geringsten Einfluß, da ihre Wärmeleitvermögen keine besonderen Unterschiede aufweisen. Bei der Sondergußart „Hartguß", bei der in einzelnen Teilen des Gußstückes der Zerfall des Zementites verhindert werden soll, macht der Gießer von dem besseren Wärmeleitvermögen der metallischen Form Gebrauch. Es werden in diesem Fall die Teile der Form, in denen das Gußstück weiß erstarren soll, aus Grauguß hergestellt, für die dabei aber auch eine bestimmte chemische Zusammensetzung eingehalten werden muß.

Durch Vorwärmen der Form auf verschieden hohe Temperaturen kann die Erstarrungsdauer und die Abkühlungsgeschwindigkeit und damit das Gefüge beeinflußt werden. Durch verschiedenes Vorwärmen der Formen der Gußstücke mit verschiedener Wandstärke kann der Einfluß der letzteren auf das Gefüge beim Vergießen desselben Roheisens aufgehoben werden. Von diesem Hilfsmittel wird bei der Herstellung des Lanzperlites Gebrauch gemacht.

Die wichtigsten Hilfsmittel zur Erreichung eines günstigen Gefüges sind jedoch die abnorme Überhitzung der Schmelze, das Rütteln des Schmelzgutes und seine richtige Zusammensetzung. Der Einfluß des Rüttelns und des Überhitzens ist schon besprochen worden, es ist daher nur noch notwendig, auf die zweckentsprechende Zusammensetzung des Graugusses einzugehen.

Es wird diejenige chemische Zusammensetzung als die günstigste anzusprechen sein, die trotz verschiedener Erstarrungsverhältnisse immer gleichartig erstarrt. Bei der Gattierung wird neben dem Kohlenstoff der Silizium- und Mangan-, der Phosphor- und Schwefelgehalt geregelt. Sie wirken auf die Eigenschaften des Gußeisens erstens durch ihren Einfluß auf die Graphitausscheidung, zweitens durch die Bildung fester Lösungen in der metallischen Grundmasse und drittens durch die Ausbildung neuer Gefügebestandteile ein. Der wichtigste Einfluß, den sie auf die Eigenschaften des Graugusses ausüben, liegt in ihrem Einfluß auf die Menge der Graphitbildung. Bei den für den technischen Grauguß in Betracht kommenden Sorten verschwindet der Einfluß des Mangans, Phosphors und Schwefels gegenüber jenem des Siliziums (Mn schwankt von 0,5 ÷ 1 %, S soll < 0,1 %, P soll ebenfalls so niedrig als möglich sein, $\geqq$ 0,2 %). Bei der Gattierung wird es daher, wenn es sich nicht um die Herstellung eines Gußeisens für besondere Zwecke handelt, bei der möglicherweise auf andere Elemente das Hauptaugenmerk zu richten ist, in erster Linie auf den Kohlenstoff- und Siliziumsgehalt ankommen. Als Richtlinien für den Gehalt des Roheisens an diesen beiden Elementen gelten die folgenden: 1. Der Gesamtgehalt an Kohlenstoff soll so niedrig wie möglich sein, damit die Menge des ausgeschiedenen Graphites auf ein Mindestmaß eingeschränkt wird. Es wird dann bei gleichmäßiger Verteilung und feiner Ausscheidung des Graphites die Schwächung der metallischen Grundmasse durch ihn am geringsten sein. Der wichtigste Schmelzofen für Grauguß ist der Kupolofen. Damit in ihm gut vergießbares Gußeisen hergestellt werden kann, muß der Kohlenstoffgehalt mindestens 2,5 % betragen. 2. Das Gefüge der metallischen Grundmasse soll nach der vollständigen Abkühlung rein perlitisch sein, d. h. der Gehalt an gebundenem Kohlenstoff soll ungefähr 0,89 % betragen. Der Gehalt an Zementit ist in erster Linie von dem Gehalt an Silizium abhängig Soll die metallische Grundmasse bei normalen Erstarrungsverhältnissen rein perlitisches Gefüge aufweisen, so müssen diese beiden Elemente in einem bestimmten Verhältnisse zueinander stehen. Die Beziehungen derselben sind von Dr. Maurer in einem Schaubilde niedergelegt (Heft 19, S. 26). Dieses Schaubild ist von Greiner-Klingenstein so umgearbeitet worden, daß auch der

Einfluß der Wandstärke auf das Gefüge der metallischen Grundmasse aufgenommen wurde. Fig. 26 gibt es wieder. Aus ihm ist zu ersehen, welches Gefüge bei normaler Abkühlung in der metallischen Grundmasse bei den verschiedenen Kohlenstoff- und Siliziumgehalten und Wandstärken auftritt. 3. Soll der Kohlenstoff- und Siliziumgehalt so sein, daß der Einfluß der Erstarrungsverhältnisse auf das Gefüge möglichst gering ist, und daß der Graphit in möglichst feiner Form gleichmäßig ausgeschieden wird. Von den Erstarrungsverhältnissen hat die Wandstärke den größten Einfluß, da sie nicht wie die anderen Faktoren geregelt werden kann, sondern gegeben ist. Es soll also durch das richtige Verhältnis des Kohlenstoffes zu dem Silizium der Einfluß der Wandstärke, soweit es möglich ist, ausgeglichen werden. Nach den Untersuchungen von Direktor Emmel (Stahl und Eisen 1925, S. 1466) ist es bei niedrig gekohltem Gußeisen durch Einhaltung bestimmter Siliziumgehalte möglich, diesen Einfluß auszuschalten. Emmel hat gefunden, daß bei einem Roheisen von 2,5÷2,8 % C bei einem Siliziumgehalt der gleichen Höhe trotz verschiedener Wandstärken des Gußstückes sein Gefüge in allen Teilen gleich, und zwar rein perlitisch ist. Der Graphit wird dabei außerdem in feiner gleichmäßig verteilter Form ausgeschieden. Es ist nicht ausgeschlossen, daß auch bei anderen Kohlenstoffgehalten durch ganz bestimmte Siliziumgehalte das gleiche zu erreichen ist.

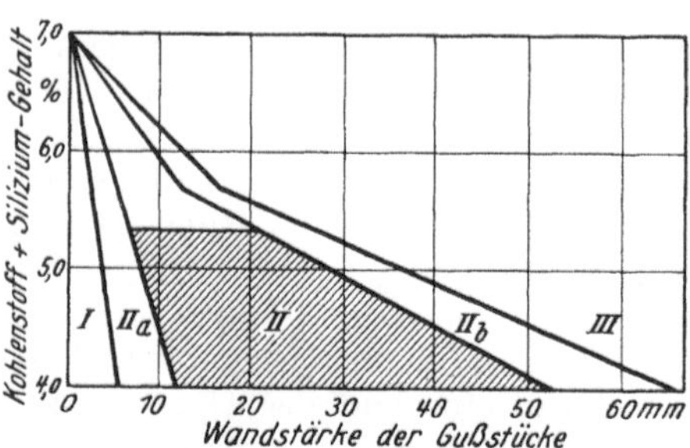

Fig. 26. Gußeisendiagramm nach Greiner-Klingenstein. (Bereich für hochwertigen Grauguß ist gestrichelt.)

Aus den vorstehenden Ausführungen ist zu ersehen, daß dem Gießer beim Grauguß zur Erreichung des günstigsten Gefüges verschiedene Wege offen stehen. Welchen Weg er einschlagen wird, hängt von wirtschaftlichen Momenten ab. Sein Bestreben muß jedenfalls darauf hinauslaufen, mit den billigsten Mitteln das Beste zu erreichen.

2. Kristall- und Blockseigerung. a) Kristallseigerung. Wie schon bei der Besprechung der primären Kristallisation erwähnt wurde, tritt bei nicht idealem Verlaufe der Erstarrung jener Legierungssysteme, die Mischkristalle bilden, die Erscheinung der Kristallseigerung auf. In diesem Falle findet der Ausgleich in der Zusammensetzung zwischen der Mutterlauge und den Teilen der Kristalle, die sich zu den verschiedenen Zeiten der Erstarrung ausgeschieden haben, auf dem Wege der Diffusion nicht oder nur unvollkommen statt. Der Kristallkern und die der Reihe nach entstandenen Kristallschichten haben dann eine verschiedene Zusammensetzung. Da diese Unterschiede im Kristall selbst auftreten, heißt diese Art der Seigerung „Kristallseigerung". Sie ist von verschiedenen Faktoren: dem Diffusionsvermögen, der Größe des Temperaturintervalles, in dem die Erstarrung stattfindet, und deren Dauer abhängig. Großes Diffusionsvermögen, kleines Temperaturintervall und langsames Durchlaufen desselben wirken der Kristallseigerung entgegen. Von den Elementen, die im technischen Eisen normal vorkommen, vermögen nur Kohlenstoff, Mangan, Silizium und Phosphor mit dem Eisen Mischkristalle zu bilden. Es kommen daher nur diese für die Kristallseigerung in Betracht. Mangan und Silizium besitzen ein großes Diffusionsvermögen, außerdem ist das Erstarrungsintervall der Systeme Eisen-Mangan und Eisen-Silizium sehr klein. In bezug auf Mangan und Silizium ist daher im technischen Eisen eine Kristallseigerung nicht festzustellen. Bei höheren

Phosphor- und Kohlenstoffgehalten tritt sie jedoch auf. Die Kristallseigerung läßt sich durch keine der normalen Wärmebehandlungen beseitigen. Sie trägt zur Verschlechterung der Güte des Gußstückes bei, da ungleichartige Kristalle den Beanspruchungen keinen so hohen Widerstand entgegensetzen wie gleichartige.

b) Blockseigerung. Tritt die Kristallseigerung so stark auf, daß sich die Mutterlauge an einem Bestandteile derart anreichert, daß sie die Zusammensetzung überschreitet, bei der das System nicht mehr in Mischkristallen erstarrt, oder wird sie nur nach einer Richtung fest, beispielsweise vom Rand zur Mitte, wobei die angereicherte Mutterlauge von den zuerst ausgeschiedenen Kristallen abgedrängt wird, so tritt eine Entmischung ein, die als Blockseigerung bezeichnet wird. Blockseigerung tritt auch bei allen Systemen auf, die keine Mischkristalle bilden. Sie wird um so ausgeprägter sein, je größer der Unterschied in der Schmelztemperatur der einzelnen Bestandteile des Systems ist. Von den im technischen Eisen enthaltenen Elementen ist die Blockseigerung in erster Linie in bezug auf Schwefel und Phosphor in geringerem Ausmaße in bezug auf Kohlenstoff festzustellen. Sie tritt sowohl im Roheisen als auch im Stahl auf, in dem ersteren stärker als in dem letzteren, da das Roheisen einen höheren Gehalt an diesen Elementen besitzt. Die Ausseigerung des Schwefels kann im Roheisen zu einer Verringerung des Schwefelgehaltes führen, nachdem die im flüssigen Eisen gelösten Eisen- und Mangansulfide unter bestimmten Verhältnissen mehr oder weniger in Form von schwer schmelzbaren Mischkristallen erstarren, die sich infolge ihres geringen spezifischen Gewichtes aus dem flüssigen Bade ausscheiden. Der Phosphor gibt im Roheisen durch die Blockseigerung Veranlassung zum Auftreten eines neuen Gefügebestandteiles, der den Namen „Steadit" führt. Er ist ein Eutektikum von γ-Mischkristallen, Zementit und Eisenphosphid. Dieses Eutektikum schmilzt bei 953^0 und neigt infolge dieses niedrigen Schmelzpunktes sehr stark zum Ausseigern. Schon bei einem Phosphorgehalt von 0,1 $^0/_0$ tritt dieser Gefügebestand im Roheisen auf. Die Ausseigerungen sind im Roheisen manchmal in Form von Spritz- oder Schwitzkugeln festzustellen, die sowohl an der Oberfläche des Gußstückes als auch in den Hohlräumen vorzufinden sind. Ihr Vorkommen wird als „Druckseigerung" erklärt, indem angenommen wird, daß die außen schnell erstarrende Kruste bei ihrer Schwindung auf den noch flüssigen Kern einen Druck ausübt, wodurch das leichtflüssige Eutektikum nach außen oder in die Hohlräume gepreßt wird.

Das durch die Blockseigerung entstehende ungleichmäßige Gefüge trägt zu einer Verminderung der Güte des Gußstückes bei. Bei kleinen Gußstücken, die in allen Teilen gleichmäßig erstarren, wird die Blockseigerung über den ganzen Querschnitt gleichmäßig verteilt sein. Sie wird zwar zu einer Verschlechterung der Güte des Gußstückes führen, sie braucht es aber nicht unverwendbar zu machen. Bei großen Gußstücken werden sich infolge der Blockseigerung zwischen Rand und Mitte bedeutende Unterschiede in der Zusammensetzung ergeben. Es kann dadurch der Kern des Stückes in seiner Güte so verschlechtert werden, daß das Gußstück bei der Arbeitsleistung bricht. Welche großen Unterschiede in bezug auf S, P und C in den einzelnen Teilen des Gußstückes trotz verhältnismäßig niedrigem Gehalte an diesen Legierungselementen eintreten, geht aus Fig. 27 hervor, in der die C-, Mn-, P- und S-Gehalte der Mitte eines Gußblockes in Form von Schaubildern wiedergegeben sind.

Das beste Mittel, P- und S-Seigerungen (Kristall- und Blockseigerungen) zu erkennen, ist die Ätzung. Die Phosphorseigerungen werden am deutlichsten dadurch sichtbar gemacht, daß die Schliffläche mit dem von Oberhoffer (Stahl und Eisen 1916, S. 798) verbessertem Rosenhainschen Ätzmittel behandelt wird.

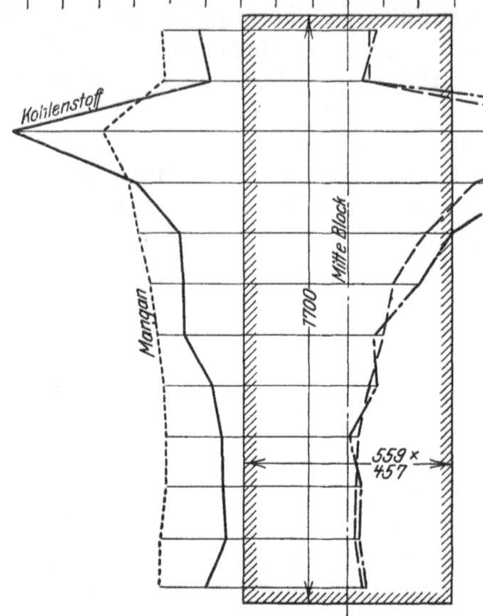

Fig. 27. Blockseigerung.

Es werden dabei die in Phosphor angereicherten Teile dunkel gefärbt. Fig. 28 zeigt einen nach diesem Verfahren geätzten Schliff eines ungeglühten Stahlgusses mit 0,46 % C, der Phosphorkristallseigerungen aufweist. Die hellen Kristalle sind phosphorarm, die dunklen Zwischenräume sind phosphorreich. Die Verteilung des S über einen Querschnitt kann mit Hilfe der Heyn-Bauerschen Seidenprobe oder dem Baumannschen Bromsilberpapier sichtbar gemacht werden. Wird ein Seidenlappen, der in salzsaure Quecksilberchloridlösung (20 cm^3 Salzsäure, spez. Gewicht 1,24, und 100 cm^3 Wasser) getaucht ist (Heynsche Probe), 4÷5 min, oder ein Bromsilberpapier, das in verdünnte Schwefelsäure (1 Teil konz. Schwefelsäure, spez. Gewicht 1,84, und 60÷100 cm^3 Wasser) eingelegt wurde (Baumannsche Probe), auf den Schliff gelegt, so werden durch die Einwirkung der Säuren die Sulfide zersetzt, und es werden an denjenigen Stellen, an denen die Entwicklung von Schwefelwasserstoff stattfindet, das Bromsilberpapier bzw. der Seidenlappen schwarz gefärbt. Man erhält also auf diesem Wege ein genaues Bild über die Verteilung des Schwefels. Fig. 29 gibt das Bild eines Schwefelabdruckes auf Seide wieder¹).

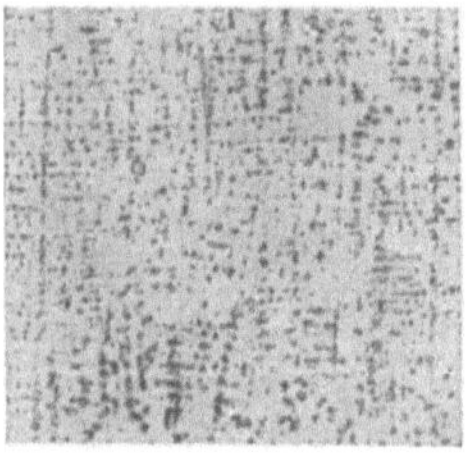

Fig. 28. Phosphorkristallseigerung. V = 5 ×

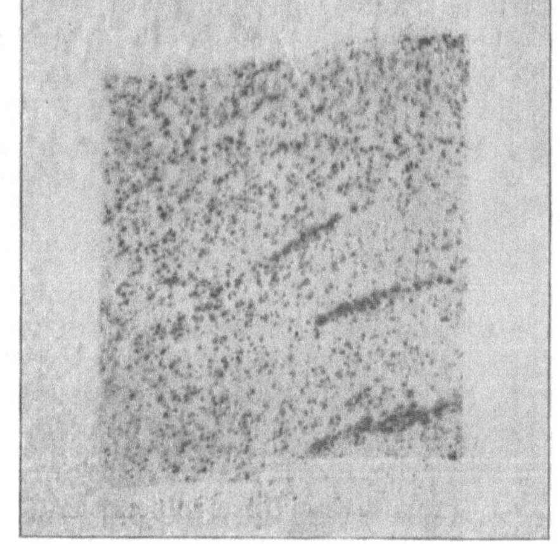

Fig. 29. Schwefelabdruck auf Seide (Heynsche Probe).

Die Block- und Kristallseigerung verschlechtern die Güte des Gußstückes, es ist daher bei seiner Herstellung darauf zu achten, daß sie soweit wie möglich vermieden werden, bzw. daß sie über den ganzen Querschnitt gleichmäßig verteilt auftreten. Eine gleichmäßige Erstarrung der einzelnen Teile des Gußstückes wird dies ermöglichen. Eine derartige Erstar-

¹) In der letzten Zeit ist von Künkele ein neues Verfahren der Sulfidätzung ausgearbeitet worden, durch das die sulfidischen Einschlüsse besser gekennzeichnet werden als durch die obigen Proben. Näheres siehe Mitteilung Nr. 75 des Werkstoffausschusses des Vereins deutscher Eisenhüttenleute.

rung ist auch mit Rücksicht auf die primäre Kristallisation anzustreben, es werden daher alle Vorkehrungen, die Konstrukteur und Gießer zur günstigen Beeinflussung dieser treffen, auch zur Milderung der beiden störenden Erscheinungen beitragen. Um sie auf ein Mindestmaß einzuschränken, hat der Gießer in erster Linie darauf zu achten, daß der Phosphor- und Schwefelgehalt so niedrig wie möglich ist. Auf den Kohlenstoffgehalt hat er keinen Einfluß, da er durch die vorgeschriebenen Eigenschaften gegeben ist. Von dem Konstrukteur ist als einzige Bedingung zur Verminderung dieser Seigerungen zu verlangen, daß die Wandstärken des Gußstückes so festgelegt sind, daß sie möglichst gleichmäßig erstarren.

3. Gasblasen und Gasblasenseigerung. Bei nicht einwandfreier Fertigstellung des Schmelzgutes und der Form kann das Gußstück blasig erstarren. In und an den Gasblasen können durch Druck hervorgerufene Seigerungen auftreten, die als Gasblasenseigerungen bezeichnet werden. Die Ursachen der Gasblasen sind verschieden: sie können einerseits im Schmelzgut selbst liegen, anderseits kann der Zustand der Form, und zwar ihre Feuchtigkeit oder die Anwesenheit gasabgebender Stoffe in ihr, oder die mangelhafte Abführung der eingeschlossenen Luft, ihre Ursache sein.

Bezüglich der Glasblasen, die auf das Schmelzgut selbst zurückzuführen sind, wurde bisher angenommen, daß sie ihre Ursache entweder darin haben, daß die im Schmelzgut gelösten Gase infolge des mit fallender Temperatur abnehmenden Gaslösungsvermögen der Schmelze zur Abscheidung kommen, oder daß sie auf die Entwicklung von Kohlenoxyd während des Erstarrens zurückzuführen sind. Dieses entsteht durch die Einwirkung des Kohlenstoffes auf die in der Schmelze gelösten leicht reduzierbaren Oxydule des Eisens und des Mangans. Nach den neuesten Untersuchungen von Klinger (Stahl und Eisen 1926, S. 1245), der die Bestimmung der Gase in Eisen und Stahl eingehend nachgeprüft hat, ist zu sagen, daß das technische Eisen sowohl im festen als auch im flüssigen Zustand nur Wasserstoff und Stickstoff absorbiert bzw. gelöst enthält, und die Gasentwicklung beim Erstarren im wesentlichen auf die Einwirkung des Kohlenstoffes auf die im Schmelzgut gelösten Oxydule des Eisens und des Mangans zurückzuführen ist. Das entweichende Kohlenoxyd reißt dabei einen Teil des gelösten Wasserstoffes und Stickstoffes mit, so daß sowohl das beim Erstarren frei werdende Gas als auch die Gasblasen im erstarrten Eisen diese beiden Gase enthalten. Soll das vergossene Eisen dicht erstarren, so darf das Schmelzgut keine durch den Kohlenstoff reduzierbaren Oxyde oder Oxydule enthalten, es muß vor allem das leicht reduzierbare Eisenoxydul fehlen. Grau- und Rohguß haben eine solche Zusammensetzung, daß bei einwandfreier Durchführung des Schmelzprozesses ein Schmelzgut erhalten wird, das dicht erstarrt. Bei dem Schmelzen des Stahles mit Ausnahme des Tiegelstahlschmelzens wird jedoch von der Schmelze so viel Sauerstoff aufgenommen, daß sie nicht ohne weiteres dicht erstarrt; sie muß nach Beendigung der Schmelz- und Frischvorgänge desoxydiert werden. Zur Zerstörung des Eisenoxydules wird in erster Linie Mangan verwendet. Dieses setzt sich mit dem Eisenoxydul nach der Gleichung: $Mn + FeO \rightleftharpoons MnO + Fe$ um, sie ist umkehrbar und verläuft daher nicht vollkommen. Die Entfernung des Eisenoxyduls wird um so vollständiger sein, je mehr Mangan zugesetzt wird. Das entstehende Manganoxydul ist im Eisen weniger löslich als das Eisenoxydul, es scheidet sich unter gleichzeitiger Lösung von etwas Eisenoxydul zum Teil aus der Schmelze aus. Der im Schmelzgut verbleibende Rest wird von dem Kohlenstoff nicht so leicht wie das Eisenoxydul angegriffen, es wird also der Sauerstoff der Schmelze durch den Zusatz von Mangan zum Teil ausgeschieden, zum Teil in eine ungefährlichere Form übergeführt. Da der Manganzusatz durch die vorgeschriebene Zusammensetzung des Schmelzgutes begrenzt ist, und für jeden Fall ein Teil des Manganoxydules, in den meisten Fällen aber auch ein Teil des Eisenoxyduls, im Schmelzgut zurückbleibt, so wird der Manganzusatz, vorausgesetzt, daß er eine bestimmte Höhe nicht überschreitet, noch nicht genügen, daß das Schmelzgut dicht erstarrt. Damit dies der Fall ist, müssen noch weitere Desoxydationsmittel zugesetzt werden. Diese müssen entweder den Sauerstoff so fest binden, daß er von dem Kohlenstoff nicht mehr angegriffen wird, oder sie müssen die Eigenschaft haben, daß sie das Kohlenoxyd, das durch die Einwirkung des Kohlenstoffes auf die Oxydule entsteht, sofort wieder zerstören. Desoxydationsmittel, die nach beiden Richtungen wirken, sind das Silizium und das Aluminium. Stahl, der auf Stahlguß vergossen wird, muß daher außer mit Mangan auch noch mit Silizium oder Aluminium oder mit beiden fertiggemacht werden. Nach den Untersuchungen von Brinell erstarrt der Stahl dann dicht, wenn zwischen seinen Mangan-Silizium- und Aluminiumgehalt die folgenden Beziehungen bestehen:

$$\text{Mangangehalt} + 5{,}2\text{facher Si-Gehalt} + 90\text{facher Al-Gehalt} = 1{,}66 \div 2{,}5\,^0/_0.$$

Ist nur eines dieser Elemente in dem Schmelzgut vorhanden, so muß es allein diese Bedingung erfüllen. Das Mangan wird als Ferromangan mit 80, 60 oder 35 $^0/_0$ Mangan oder als Spiegeleisen mit 12 $^0/_0$ Mangan zugesetzt, das Silizium wird in Form von 50 $^0/_0$ Ferrosilizium, das Aluminium als Metall in die Schmelze eingetragen. Als Ersatz dieser Zusätze wird auch Ferromangansilizium, Ferromangansiliziumaluminium und Ferrosiliziumaluminium verwendet (s. Heft 24, S. 17). Die Verwendung der letzten drei Legierungen bietet den Vorteil, daß die bei der Desoxydation entstehenden Oxyde-Manganoxydul, Siliziumdioxyd und Tonerde- und das restliche Eisenoxydul sofort leicht schmelzbare, dünnflüssige Silikate bilden, die sich aus der Schmelze rascher ausscheiden, bzw. es wird das Eisen- und das Manganoxydul, wenn es in der Schmelze in der Form von Eisen- und Manganoxydulsilikaten vorhanden ist, von dem Kohlenstoff nicht mehr angegriffen.

Um einen blasenfreien Guß zu erhalten, muß also in erster Linie das Schmelzgut einwandfrei fertiggemacht sein.

Kernstützen und Stahl- oder Graugußeinlagen, die in jenen Teilen der Form eingesetzt werden, die durch die kühlende Wirkung jener Einlagen gleichmäßig erstarren sollen, können auch Blasenbildung veranlassen. Sind sie nämlich verrostet, wirkt der Sauerstoff des Rostes auf den Kohlenstoff der Schmelze. Es ist daher darauf zu achten, daß derartige Einsätze rostfrei sind.

Ist der Stahl vollständig einwandfrei fertiggestellt, so kann eine feuchte, kalte Form, das Vorhandensein von leichtvergasbaren Stoffen in der Formmasse und mangelhafte Gasabführung zu Gasblasen führen. Die Formen müssen daher vollständig trocken sein. Falls sie aus Masse hergestellt sind, müssen sie auch gebrannt sein, damit nicht nur die Feuchtigkeit, sondern auch das gebundene Wasser ausgetrieben wird, so daß während des Abgießens und während der Erstarrung sich kein Dampf in der Form entwickeln kann. Einfache, leichte, nicht zu dünnwandige Stücke, deren Erstarrung vor dem Beginne der Dampfentwicklung möglich ist, können auch in der nassen (grünen) Form abgegossen werden. Die Formstoffe dürfen keine Karbonate enthalten; falls ihnen Kohle beigemengt wird, darf deren Menge nicht so groß sein, daß die durch die trockene Destillation der Kohle auftretende Gasentwicklung das Gußstück gefährdet. Der Abführung der Luft, die beim Füllen der Form entweicht, ist ebenfalls das größte Augenmerk zuzuwenden. Kann die Luft nicht ungehindert ausströmen, so wird sie in dem Gußstück in Form von Gasblasen zurückbleiben. Eine besondere Art der Gasblasenbildung, die durch eingeschlossene Luft herbeigeführt wird, sind die sog. „Wurmgänge“, die besonders bei großen Stücken, die heiß vergossen wurden, an der Oberfläche auftreten.

Der Konstrukteur hat nur auf die letzte Art der Gasblasenbildung einen Einfluß. Er kann durch eine möglichst einfache und zweckentsprechende Formgebung des Gußstückes dazu beitragen, daß dem Former die Erfüllung der letzten Bedingung leicht möglich wird. Gasblasen der letzten Art setzen sich besonders an wagrechten Flächen der Form an. Der Konstrukteur wird daher in erster Linie darauf zu achten haben, daß die wagrechten Flächen in der Form auf ein Mindestmaß beschränkt werden. Fig. 30 zeigt, wie sich die Luftblasen an der Oberfläche der Armquerschnitte von Radkörpern, Zahnrädern und anderen Gußstücken anlegen, falls sie nicht entweichen können. Eine derartige Blasenbildung trägt zur Schwächung des Querschnittes bei. Falls diese Teile bearbeitet werden müssen, muß eine größere Zugabe vorgesehen werden, damit die Flächen nach der Bearbeitung rein sind; es werden durch den damit verbundenen größeren Werkstoff- und Arbeitsaufwand die Kosten erhöht. Es ist vielfach möglich, durch eine einfache Änderung diesen Übelständen abzuhelfen. Aus Fig. 30 geht hervor, welcher der Querschnitte der günstigste in bezug auf Blasenbildung ist. Fig. 31 zeigt in „falsch“ und „richtig“, wie bei einem Mischerring durch Änderung der Formgebung die Gefahr der Blasenbildung durch eingeschlossene Luft verhindert werden kann. Ausführung „falsch“ ist außerdem um 6 % schwerer und infolge der Rippen umständlicher einzuformen, zu bearbeiten und zu putzen. Sie ist also weitaus teurer als die „richtige“ Ausführung und kann leichter Ausschuß werden als diese. Fig. 32 zeigt die ursprüngliche (linke Hälfte) und die verbesserte Ausführung (rechte Hälfte) eines Ilgnerrades, bei dem durch eine einfache Formänderung der gleiche Übelstand behoben wurde. Dieses Rad muß allseitig bearbeitet werden; bei der ursprünglichen Ausführung müßte die Bearbeitungszugabe größer gehalten werden, wodurch bei ihr Werkstoffaufwand und Bearbeitungskosten weitaus höher wären als bei der verbesserten Form. Die ursprüngliche Form hat weiter noch den Nachteil, daß sich bei ihr infolge der festen Schwindung stärkere Spannungen zeigen würden als bei der kegelförmigen Form der Scheibe der neuen Ausführung. Die Vermeidung von Gasblasen, deren Ursache eingeschlossene Luft ist, wird manchmal nur durch eine Unterteilung des Gußstückes zu erreichen sein (s. Fig. 106, S. 63).

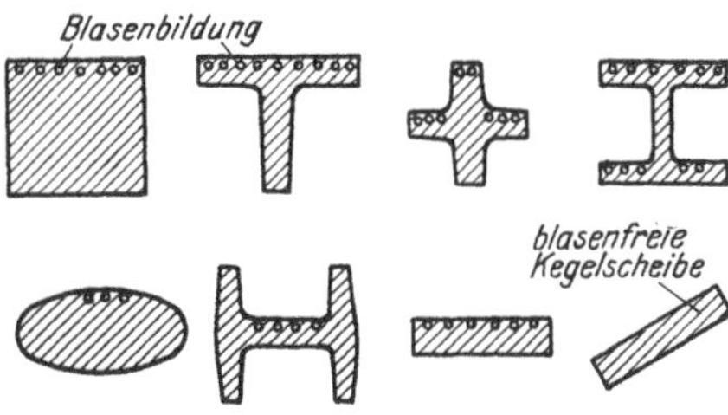

Fig. 30. Blasenbildung bei den verschiedenen Querschnitten.

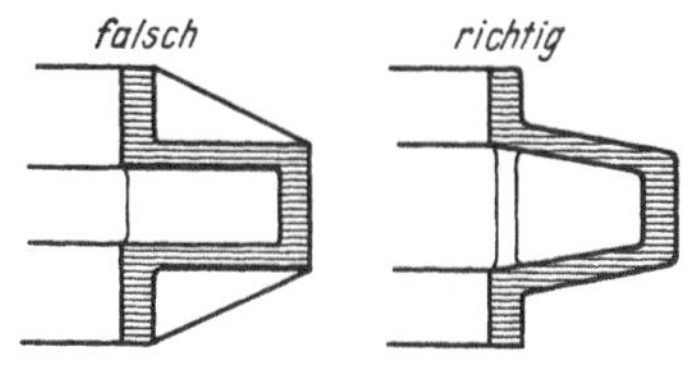

Fig. 31. Mischerring.

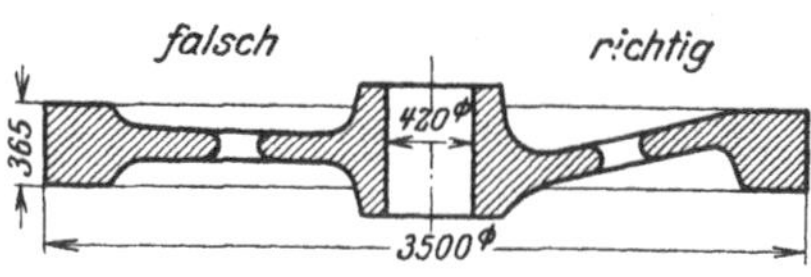

Fig. 32. Ilgnerrad.

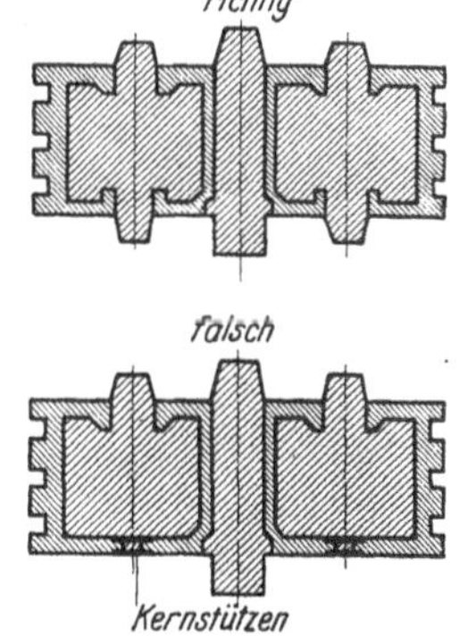

Fig. 33. Dampfmaschinenkolben.

Da Kernstützen oder Einlagen durch ihren Rost ebenfalls Veranlassung zu Gasblasen geben (s. S. 34), so muß der Konstrukteur durch entsprechende Formgebung die Verwendung derartiger Hilfsmittel möglichst ausschalten. Besonders ist dies bei jenen Gußstücken notwendig, die hohen Drücken oder chemischen Angriffen ausgesetzt sind. Daß sich die Verwendung von Kernstützen durch einfache Änderung in der Form des Gußstückes vermeiden läßt, geht aus Fig. 33 hervor, die einen Dampfmaschinenkolben zeigt. Bei der Ausführung „falsch" müssen die Kerne mit Kernstützen gestützt werden, bei „richtig" ist dies nicht notwendig. Das gleiche gilt für den in Fig. 34[1]) wiedergegebenen Stufenkolben.

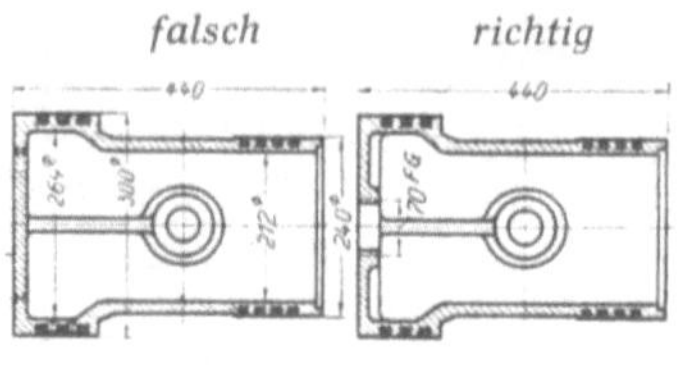

Fig. 34. Stufenkolben.

4. Nichtmetallische Einschlüsse. Die geschmolzenen Werkstoffe kommen beim Schmelzen mit Schlacke in Berührung. Das Frischen des Roheisens zur Umwandlung in Stahl ist mit einer lebhaften Gasentwicklung verbunden, die Stahl und Schlacke durcheinanderwirft und letztere im Stahlbad emulsioniert. Beim Abstich des Schmelzgutes in die Pfanne wird Metall und Schlacke ebenfalls durcheinandergemischt. Stahl oder Gußeisen können daher in der Gießpfanne mit Ofenschlacke durchsetzt sein. Werden sie ohne Abstehen vergossen, so kommt die Schlacke in die Form. Kann sie sich dort nicht mehr ausscheiden, so wird das Gußstück Schlackeneinschlüsse aus Ofenschlacke aufweisen. Weitere nichtmetallische Einschlüsse können ihren Ursprung in der Verschlackung der feuerfesten Werkstoffe haben, mit denen der Stahl beim Abguß in Berührung kommt. Es sind dies der Ausguß der Pfannen, die Pfannenauskleidung, der Einlaufkanal und die Form selbst. Die Einwirkung des Mangans auf den Schwefel führt zur Bildung von Mangansulfiden. Die Desoxydation des Schmelzgutes durch Mangan, Silizium und Aluminium führt zur Bildung von Oxyden dieser Elemente, die ebenfalls als Schlackenteilchen in der Schmelze auftreten. Wird diesen Produkten der Desoxydation keine Gelegenheit gegeben sich auszuscheiden (Abstehen des Metalles vor dem Vergießen), so kommen sie ebenfalls in die Form. Schließlich können losgelöste Formstoffe ebenfalls beim Erstarren im Gußstück verbleiben. Die nichtmetallischen Einschlüsse können also sehr verschiedener Natur sein. Bei den Untersuchungen des Schliffes unter dem Mikroskop wird man leicht Aufklärung über ihre Natur erhalten, da sie sich einerseits durch die Farbe, andererseits durch ihr Verhalten gegenüber verschiedenen Ätzmitteln unterscheiden.

Die nichtmetallischen Einschlüsse schwächen die Güte des Gußstückes, da sie die metallische Grundmasse unterbrechen. Sie sollen daher auf ein Mindestmaß eingeschränkt werden; ganz zu vermeiden sind sie nicht. Um dieses Ziel zu erreichen, ist von dem Gießer darauf zu achten, daß die Schmelze richtig fertiggemacht und desoxydiert ist; weiter soll sie so stark überhitzt sein, daß man sie im Schmelzofen selbst oder nach dem Abstich eine Zeitlang in der Pfanne abstehen lassen kann, damit die eingeschlossene Schlacke sich ausscheiden kann. Ferner ist darauf zu sehen, daß die feuerfesten Stoffe, die zur Auskleidung der Pfanne und zur Herstellung der Form verwendet werden, so feuerfest sind, daß sie während des Durchfließens des Eisens nicht verschlacken. Um das Eintreten der Schlacke, die sich während des Abgusses durch die Einwirkung der Desoxydationsmittel auf den Sauerstoff des Metalles oder durch Verschlackung der feuerfesten Stoffe bildet, in die Form zu verhindern, muß beim Guß aus der Hand- oder Kipppfanne die sich ausscheidende Schlacke zurückgehalten werden. Weiter werden in dem Eingusse der Form Schlackenläufe vorgesehen, in denen die Schlacke, die sich

[1]) Die Fig. 34, 53, 54, 60, 85, 105 und 106 entstammen einem Vortrag von Direktor Scharlibbe der A. Borsig G. m. b. H. (Gießerei-Zeitung 1926, S. 410 und 449).

noch weiter ausscheidet, aufgefangen werden soll. Fig. 35 zeigt verschiedene Arten der Ausführungen der Eingüsse, die diesen Zweck erfüllen sollen. Der Eingußtrichter muß dabei selbstverständlich so angeordnet sein, daß das Metall in ihm nicht an vorstehende Sandkanten stößt, da sonst Formsand mitgerissen wird. Die Schlackenläufe können nur dann wirksam sein, wenn sie ständig voll gehalten werden. Es ist daher unbedingt notwendig, daß die Querschnitte des Eingußtrichters, des Schlackenlaufes und des Anschnittes in einem bestimmten Verhältnisse stehen. Tabelle 10 gibt das Verhältnis der Querschnitte dieser drei Durchläufe wieder. Werden sie eingehalten, so ist ein Vollhalten des Schlackenlaufes möglich. Diese Werte sind Erfahrungswerte, die von dem deutschen Ausschusse für technisches Schulwesen (DATSch)[1]) gesammelt wurden und in einem eigenen Merkblatt „Gußtrichter Blatt 1" zusammengestellt sind. Der Eingußtrichter selbst muß so angebracht sein, daß er nicht über den Anschnitt zu liegen kommt, weil sonst ebenfalls die Gefahr besteht, daß der durch die wirbelnde Wirkung des eintreffenden Stahles losgelöste Sand, bevor er sich in den Schlackenfang abscheidet, in die Form geführt wird. Die nichtmetallischen Einschlüsse, die sich erst nach dem Abgießen in der Form selbst ausscheiden, werden sich mitunter an den wagrechten Flächen des Gußstückes unangenehm bemerkbar machen. Der Konstrukteur soll daher wagrechte Flächen im Gußstück auch mit Rücksicht auf diese störende Erscheinung tunlichst vermeiden. Sollen solche Flächen bearbeitet werden, so muß an ihnen eine entsprechende Zugabe vorgesehen sein, damit die bearbeitete Fläche sicher rein ist.

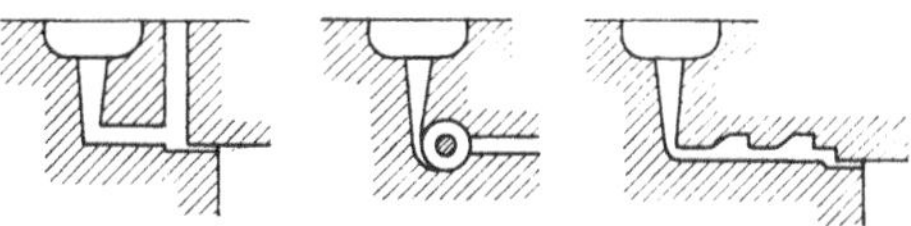

Fig. 35. Eingüsse.

Tabelle 10.

Abmaße der zugehörigen Eingüsse, Schlackenläufe und Ausschnitte.
(Erfahrungswerte nach DATSch, Gußtrichter Bl. 1.)

	Gegenstand	Trichter 15 mm Ø		Trichter 20 mm Ø		Trichter 25 m/m Ø	
		Abmessungen mm	Querschnitt mm²	Abmessungen mm	Querschnitt mm²	Abmessungen mm	Querschnitt mm²
I	Eingußtrichter Ø	15	177	20	315	25	490
II	Schlackenlauf (b, c, a)	12 × 9 × 12	126	17 × 13 × 17	255	21 × 17 × 21	390
III	Einguß-Anschnitt 2 fach[1]) (h, a)	9 × 9	2 × 40 = 80	13 × 13	2 × 85 = 170	16 × 16	2 × 130 = 260

	Gegenstand	Trichter 30 mm Ø		Trichter 40 mm Ø		Trichter 50 mm Ø	
		Abmessungen mm	Querschnitt mm²	Abmessungen mm	Querschnitt mm²	Abmessungen mm	Querschnitt mm²
I	Eingußtrichter Ø	30	707	40	1255	50	1900
II	Schlackenlauf (b, c, a)	24 × 20 × 24	540	32 × 27 × 32	950	40 × 33 × 40	1450
III	Einguß-Anschnitt 2 fach[1]) (h, a)	19 × 19	2 × 180 = 360	25 × 25	2 × 312 = 625	31 × 31	2 × 480 = 96

[1]) Bei 4 Ausschnitten 1/2 so groß — I : II : III = 4 : 3 : 2.

[1]) Berlin NW 7, Ingenieurhaus, Dorotheenstr. 40.

B. Schwindungsvorgänge und Folgeerscheinungen.

1. Schwindung (flüssige, Erstarrungs- und feste Schwindung). Unter Schwindung versteht man die Volumverkleinerung, die bei der Abkühlung des flüssigen und festen Metalles eintritt. Sie ist abhängig von der Temperatur und dem Ausdehnungskoeffizienten, der sich mit der chemischen Zusammensetzung des Werkstoffes ändert. Der Ausdehnungskoeffizient des gleichen Werkstoffes kann, wie es bei den technischen Eisensorten der Fall ist, im flüssigen Zustande, im Erstarrungsintervall und im festen Zustand verschiedene Werte haben. Beim Grauguß bleibt auch die feste Schwindung nicht gleich, sie ist im vorperlitischen Temperaturintervall anders als im nachperlitischen. Die Volumveränderung im flüssigen Zustande heißt „flüssige Schwindung", die im Erstarrungsintervall „Erstarrungsschwindung", und jene, die bei der Abkühlung des erstarrten Schmelzgutes vor sich geht, „feste Schwindung". Diese letzte wird noch in die „vorperlitische" und „nachperlitische" Schwindung unterteilt. Würde sich das flüssige Eisen in der Form so abkühlen können, daß es in allen Teilen gleichzeitig erstarrt, und könnte weiter die Einwirkung der Schwerkraft ausgeschaltet werden, so würde das erstarrte und bis auf normale Temperatur erkaltete Gußstück vollständig dicht sein. Es würde dann eine Volumverkleinerung aufweisen, die der Gesamtschwindung entspräche. Diese ist bei den verschiedenen technischen Eisensorten verschieden. Für die normalen Zusammensetzungen sind ihre Werte für Grauguß etwa 9 %, für weißes Roheisen (Rohguß) etwa 15 % und für Stahlguß etwa 15 %. Tatsächlich kann aber die Abkühlung niemals so verlaufen. Selbst bei gleicher Abkühlung in allen Teilen der Form ist eine Ausschaltung der Wirkung der Schwerkraft normal nicht durchführbar (Ausnahme: Schleuderguß). Es treten daher in den Schwindungsvorgängen Störungen verschiedener Art ein.

Die flüssige und Erstarrungsschwindung führt zur Bildung eines Hohlraumes. Wird eine Form vollständig mit flüssigem, technischem Eisen ausgefüllt, so setzt die Erstarrung sofort am Rande der Form ein, und da die feste Schwindung des bereits erstarrten Werkstoffes geringer ist als seine Erstarrungsschwindung, so entsteht ein Hohlraum (Lunker), der bei der weiteren Erstarrung immer größer wird. Fig. 36 gibt die Entstehung des Hohlraumes schematisch wieder. Bei der Abkühlung auf normale Temperatur wird er durch die feste Schwindung etwas verkleinert. Er wird theoretisch eine Größe erreichen, die dem Unterschied der Gesamt- und der festen Schwindung gleichkommt. Aus der der Fig. 37 beigegebenen Tabelle 11 sind die Werte der Gesamtschwindung, der festen Schwindung und des theoretischen Hohlraumes für Stahl-, Temper- und Grauguß zu entnehmen. Der tatsächlich vorhandene Hohlraum wird immer größer sein, da die feste Schwindung auch Störungen unterliegt.

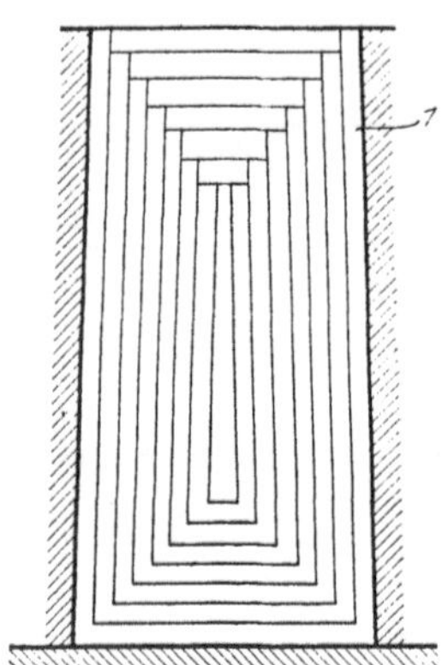

Fig. 36. Entstehung des Lunkers.

In der Fig. 37 ist in Form von Schaubildern die Veränderung des spezifischen Gewichtes der drei Gußarten wiedergegeben. Da die Abnahme des Volumens, d. h. die Schwindung des Werkstoffes zu der Zunahme des spezifischen Gewichtes in einer direkten Beziehung steht, so geben die Schaulinien auch ein Bild über die Stärke der Schwindung der einzelnen Gußarten in den verschiedenen Aggregatzuständen. Es ist aus ihnen zu ersehen, daß besonders bei weißem Roheisen und Stahlguß die Erstarrungsschwindung hohe Werte erreicht. Das weiße Roheisen und der Stahlguß neigen daher stärker zur Hohlraumbildung als Grauguß.

Über den Einfluß der einzelnen Elemente auf die Neigung zur Lunkerbildung, lassen sich für Stahl genauere Angaben nicht geben. Der Einfluß des Siliziums, Mangans, Phosphors und Schwefels auf die Lunkerbildung des Roheisens ist in den letzten Jahren von Dr. Bauer und Lipp untersucht worden. Sie haben die Untersuchungen an einem Roheisen mit einem Kohlenstoffgehalt von 3,5 % vorgenommen, und haben dabei immer nur den Gehalt eines der angeführten Elemente verändert, um seinen Einfluß auf die Lunkerbildung und Schwindung festzustellen.

Tabelle 11. Spezifische Gewichte der technischen Eisensorten.

Gegenstand		Roheisen grau	Roheisen weiß	Stahl
Spez. Gew.	flüssig	6,65	6,65	6,85
	fest 15°	7,25	7,65	7,87
Unterschied	kg	0,60	1,00	1,02
	%	9,02	15,00	14,90
Feste Schwindung %		3,00	5,30	5,30
Hohlraum %		6,02	9,70	9,60

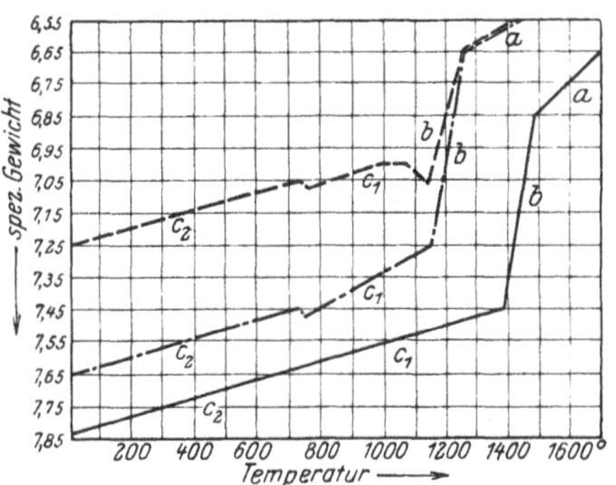

Fig. 37. Änderung des spezifischen Gewichtes.

Die Ergebnisse dieser Untersuchungen haben aber nur eine rein theoretische Bedeutung, denn sobald mehrere dieser Elemente im Roheisen enthalten sind, kann durchaus nicht durch einfache Addition der einzelnen Versuchsergebnisse auf die mehr oder weniger große Neigung zur Lunkerung geschlossen werden. Bei dem Roheisen gilt es als Regel, daß alle Einflüsse, die die Graphitausscheidung verstärken, den Lunker vermindern.

Die feste Schwindung ist für Roh- und Stahlguß anders wie für Grauguß. Das Schwindmaß beträgt bei Stahlguß 1,8÷2 %, bei Rohguß 1,5÷2 % und bei Grauguß 0,5÷1 %. Tabelle 12 gibt eine Übersicht über die Schwindmaße, die als Durchschnittswerte für die einzelnen Gußarten verwendet werden. Der Einfluß der einzelnen Legierungselemente auf die feste Schwindung des Eisens ist von Schitzkowski untersucht worden. Bei grauem Roheisen gilt auch bezüglich der festen Schwindung die Regel, daß eine verstärkte Graphitausscheidung der

Tabelle 12. Durchschnittsschwindmaße.

<table>
<tr><th colspan="3">Grauguß</th><th colspan="4">Temperguß [1]</th><th colspan="3">Stahlguß</th></tr>
<tr><th colspan="2">Art</th><th>Schwindmaß %</th><th colspan="3">Art</th><th>Schwindmaß %</th><th colspan="2">Art</th><th>Schwindmaß %</th></tr>
<tr><td colspan="2" rowspan="2">mittlerer und leichter</td><td rowspan="2">1,0</td><td rowspan="6">weißkernig</td><td colspan="2">Rohguß 15÷7 mm</td><td>1,85÷2,02</td><td colspan="2" rowspan="2">reines Eisen . . . .</td><td rowspan="2">2,39</td></tr>
<tr><td rowspan="5">getempert Wandstärke [1]</td><td>bis 5 mm</td><td>2,4</td></tr>
<tr><td rowspan="4">Zylinderguß</td><td rowspan="2">in der Länge</td><td rowspan="2">0,9</td><td>bis 8 mm</td><td>2,0</td><td colspan="2" rowspan="2">unlegiert . . . . .</td><td rowspan="2">1,82÷2,0</td></tr>
<tr><td>9÷15mm</td><td>1,5</td></tr>
<tr><td rowspan="2">im Durchmesser</td><td rowspan="2">0,5</td><td>16÷25mm</td><td>1,0</td><td rowspan="3">zylindrische Gußstücke (Durchm. u. Länge)</td><td rowspan="2">über 1 m</td><td rowspan="2">1,6÷2</td></tr>
<tr><td>bis 45 mm</td><td>0,5</td></tr>
<tr><td colspan="2">schwerer Guß</td><td>0,7÷0,8</td><td></td><td>Rohguß</td><td>15÷7 mm</td><td>1,80÷1,93</td><td>unter 1 m</td><td>2</td></tr>
<tr><td colspan="2">Guß mit Rippen</td><td>0,5÷0,7</td><td rowspan="2">schwarzkernig</td><td rowspan="2">getempert</td><td>dünn 7 mm</td><td>1,5</td><td colspan="2">Speichenräder . . .</td><td>1,8</td></tr>
<tr><td colspan="2">—</td><td>—</td><td>dick 15 mm</td><td>1,0</td><td colspan="2">12 % Mn-Stahl . . .</td><td>2,8÷3,0</td></tr>
</table>

[1] Nach Stolz und Henfting, St. u. E. 1925, S. 2145.

festen Schwindung entgegenwirkt: sie verkleinert die vorperlitische Schwindung; die nachperlitische ist bei allen drei Gußsorten gleich. Die Graphitausscheidung ist außer von der chemischen Zusammensetzung noch von den Abkühlungsverhältnissen abhängig. Auf die Abkühlungsgeschwindigkeit, und damit die Graphitausscheidung, hat bei sonst gleichbleibenden Verhältnissen die Wandstärke des Gußstückes den größten Einfluß. Das Gesamtschwindmaß des Graugusses wird daher direkt proportional dem Querschnitt des Gußstückes sein. Die Ausdehnung, die beim grauen Roheisen nach dem Erstarren auftritt, hat man bisher ausschließlich auf die Graphitausscheidung zurückgeführt. Neue Untersuchungen von Dr. Piwowarski haben ergeben, daß die Ausdehnung im Erstarrungsintervall auch von der Gasentwicklung in diesem Intervall abhängig ist, da die Stärke der Ausdehnung mit abnehmendem Gasgehalt der Schmelze kleiner wird. Kann die feste Schwindung nicht ungestört vor sich gehen, so hat sie Gußspannungen oder Formänderungen oder Warm- und Kaltrisse zur Folge.

2. Folgeerscheinungen. a) Lunker. Der Lunker, die Folge der flüssigen und Erstarrungsschwindung, wird bei dem gleichen Werkstoff je nach der Art und Weise, in der abgegossen wird, eine verschiedene Größe und Lage haben. Er wird in demselben Werkstück um so größer sein, je heißer und je rascher vergossen wird, da dann der Anteil der flüssigen Schwindung größer und die Erstarrung während des Abgießens kleiner wird. Die Art des Vergießens, von unten oder von oben, hat auch einen Einfluß auf die Verteilung des Erstarrungshohlraumes im Gußstück. Fig. 38÷40 zeigen an demselben Block, der in verschiedener Art in Sand vorgossen wurde, die Ausbildung des Lunkers. Block 38 wurde rasch von oben, Block 39 rasch von unten und Block 40 langsam von oben vergossen. Der Lunker ist bei der Gußart 40 am kleinsten, da bei dieser während des Abgießens mehr Schmelzgut in die Form gelangt ist als bei den beiden anderen Arten des Abgusses. Bei dem Guß von oben liegt der Lunker nur im oberen Teil des Gußstückes, da es dort zuletzt erstarrt, bei dem Guß von unten ist der Werkstoff in dem unteren Teil der Form heißer als oben, der Lunker sitzt daher tiefer im Gußstück.

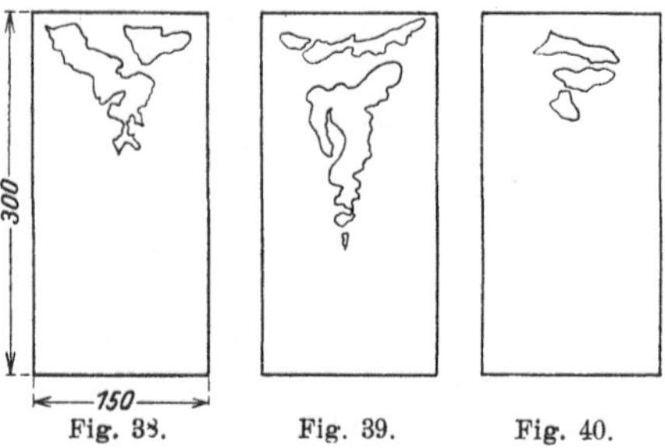

Fig. 38. Fig. 39. Fig. 40.

Fig. 38÷40[1]). Einfluß der Art des Gießens auf den Lunker.

Lunkerfrei ist ein Gußstück nur dann ohne besondere Vorkehrungen herzustellen, wenn seine Wandstärke derart ist, daß es während des Abgusses vollkommen erstarrt. In diesem Fall wird der ständig nachfließende Werkstoff den sich immer wieder bildenden Erstarrungshohlraum sofort ausfüllen. Dünnwandige Gußstücke aus Grauguß oder Stahlguß, besonders wenn sie in die nasse Form (grün) abgegossen werden können, wird man ohne besondere Vorkehrungen lunkerfrei erhalten. Bei Temperguß müssen auch bei dünnwandigen Stücken mitunter Saugnäpfe (Fig. 41) angebracht werden, wenn sie dicht erhalten werden sollen, denn das Schmelzgut ist verhältnismäßig stark überhitzt, so daß infolge der großen Erstarrungsschwindung und trotz der Dünnwandigkeit die Gefahr des Lunkerns besteht. Bei dickwandigen Gußstücken oder bei Stücken mit ungleichmäßiger Wandstärke muß der Erstarrungshohlraum durch Anbringen von verlorenen Köpfen oder Saugtümpeln über dem Teil des Stückes, der der Gefahr

[1]) Fig. 38, 39, 40, 42, 46, 48, 51, 52, 71, 72, 83, 91 sind dem Aufsatz Krieger: „Stahlformguß als Konstruktionsmaterial", Stahl und Eisen 1918, entnommen.

des Lunkerns ausgesetzt ist, bekämpft werden. Ist dies nicht möglich, so kommt das Anbringen von Schreckplatten (Kokillen) oder das Einlegen von Kühleisen oder Lunkernägeln in die Form in Frage, durch deren Kühlwirkung das Gußstück während des Abgusses erstarren soll. Ihre Wirkung ist aber nicht ganz sicher. Der Konstrukteur soll daher die Möglichkeit ihrer Anwendung bei der Festlegung der Form des Gußstückes nicht berücksichtigen.

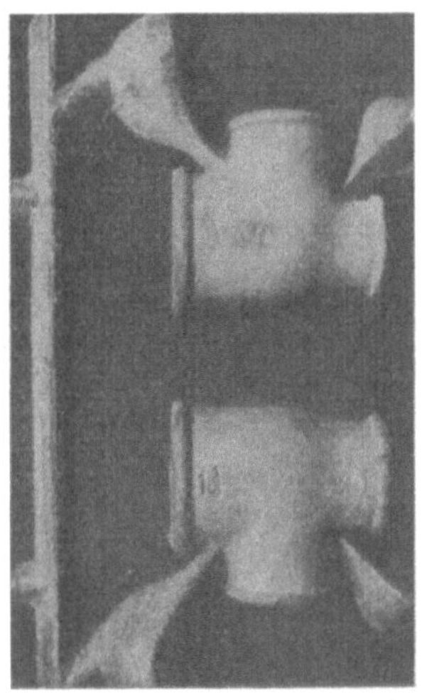

Fig. 41. Saugnäpfe, Temperguß (Leber).

Das wichtigste Hilfsmittel, den Lunker zu vermeiden, ist der verlorene Kopf. Seine Wirkung kann nur dann günstig sein, wenn seine Abmessungen so gehalten sind, daß erstens der Verbindungsquerschnitt mit dem Gußstück nicht früher erstarrt als das Gußstück selbst, und wenn zweitens sein Volumen so groß ist, daß es genügend Werkstoff faßt, den sich bildenden Hohlraum auszufüllen. Der Former bzw. der Gießer hat daher das Hauptaugenmerk auf die richtige Größe des verlorenen Kopfes zu legen. Um ihn bei geringstmöglicher Größe wirksam zu machen, werden große Stücke gewöhnlich so abgegossen, daß der verlorene Kopf nachher voll angefüllt und dann seine Oberfläche mit Holzkohle abgedeckt wird. Nach einiger Zeit, in der bereits der Werkstoff nachgesaugt hat, wird dann der verlorene Kopf wieder aufgefüllt. Um die Gefahr des Zuwachsens der Verbindungsstelle des Kopfes mit dem Gußstück auszuschalten, wird diese bei großen Gußstücken von Zeit zu Zeit mit rotwarmen Stahlstangen oder trockenen Holzstangen durchstoßen.

Kann der Gießer bzw. der Former keinen verlorenen Kopf anwenden, so wird er von dem Mittel der Schreckplatten und Kühleinlagen Gebrauch machen. Selbstverständlich kann er auch durch die Regelung der Gießtemperatur und -geschwindigkeit die Erstarrungsverhältnisse derart beeinflussen, daß die Gefahr der Bildung eines Hohlraumes auf ein Mindestmaß beschränkt wird. Welchen Einfluß die Form des verlorenen Kopfes auf die Ausbildung oder Vermeidung des Lunkers hat, geht aus Fig. 42 hervor: a zeigt das gleiche, in Sandform vergossene Gußstück wie Fig. 40, nur mit einem verlorenen Kopf der gleichen Abmessungen; b zeigt dasselbe Gußstück mit einem verlorenen Kopf der gleichen Höhe, der sich jedoch nach oben kegelig erweitert. Daraus ist zu entnehmen, daß der zylindrisch ausgeführte verlorene Kopf noch zu keinem gesunden Gußstück führt, daß erst die kegelige Form einen Erfolg bringt. Die Verbreitung des Kopfes müßte noch viel stärker sein, wenn das Gußstück eine noch größere Länge hätte und der verlorene Kopf seinen Zweck doch erfüllen sollte. Auch die Art der Einformung, ob liegend oder stehend, hat auf die Lunkerbildung einen Einfluß. Fig. 43 zeigt eine Kurbelwange aus Stahlformguß, einmal liegend (richtig), das zweitemal stehend

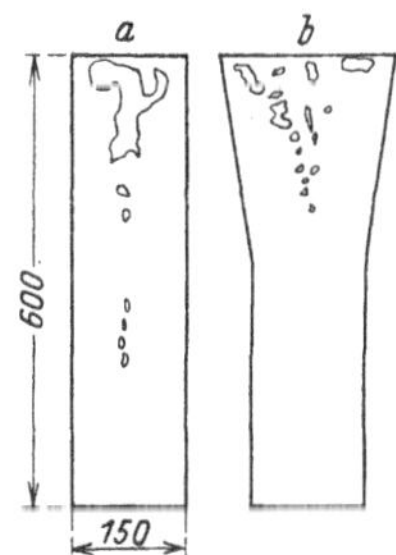

Fig. 42. Einfluß des verlorenen Kopfes auf den Lunker.

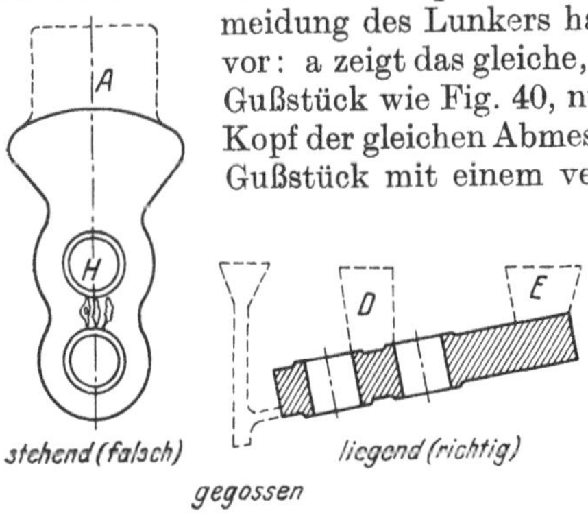

A H D E
stehend (falsch) liegend (richtig)
gegossen

Fig. 43. Kurbelwange (Einfluß der Art des Einformens auf den Lunker) (Osann).

(falsch) eingeformt. Bei liegender Einformung und Verwendung der beiden verlorenen Köpfe D und E wird sie vollständig dicht sein, bei stehender wird sie bei H trotz des verlorenen Kopfes einen Lunker aufweisen.

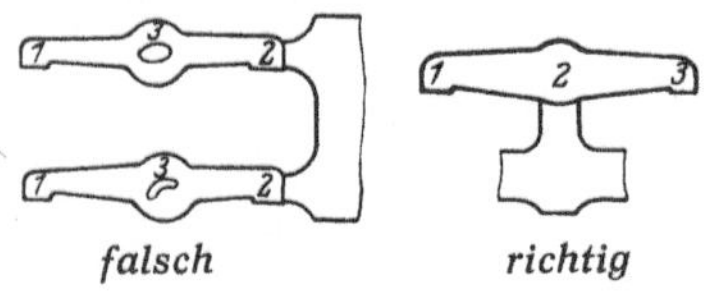

Fig. 44. Einfluß des Anschnittes auf den Lunker.

Bei kleinen Gußstücken wird oft auch die Lage des Anschnittes durch die Möglichkeit der Entstehung eines Lunkers beeinflußt. Ein Beispiel hierfür gibt Fig. 44. Wird dieses Gußstück am Ende (1 oder 2) angeschnitten, so wird es in der Mitte (bei 3) einen Lunker zeigen, wird es in der Mitte angeschnitten, so wird es gesund sein.

Der Konstrukteur muß, damit das Gußstück vollständig dicht erhalten werden kann, bei der Formgebung folgende Regeln beachten:

1. Die Wandstärken des Gußstückes sind so zu wählen, daß das Gußstück in allen Teilen gleichmäßig erstarren kann.

Unter der Voraussetzung, daß in allen Teilen der Form gleiche Abkühlungsverhältnisse vorliegen, wird eine gleichmäßige Erstarrung und Abkühlung des Gußstückes dann erreicht werden, wenn der Konstrukteur den Grundsatz: „Halte gleiche Wandstärke ein, vermeide unnötige Werkstoffanhäufungen“ bei der Festlegung der Form des Gußstückes befolgt hat. Innerhalb bestimmter Grenzen der Wandstärke (ausgeschlossen sind sehr schwache und sehr starke Wandstärken) wird eine gleichmäßige Erstarrung der einzelnen Teile des Gußstückes auch schon dann erreicht werden, wenn die Bedingung erfüllt ist, daß für alle Querschnitte das Verhältnis von Umfang zum Inhalt dasselbe ist.

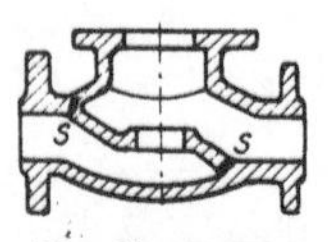

Fig. 45. Ventilgehäuse.

Sind die Abkühlungsverhältnisse nicht in allen Teilen der Form gleich, z. B. bei den inneren anders als bei den außenliegenden, so muß bei den inneren die Wandstärke entsprechend schwächer oder das Verhältnis von Umfang zu Inhalt ihres Querschnittes größer als bei den Außenteilen gehalten werden. Wird beispielsweise bei dem Ventilgehäuse nach Fig. 45 die Scheidewand in der gleichen Stärke wie das Gehäuse ausgeführt, so werden bei s Saugstellen auftreten.

Ist eine Änderung der Wandstärken der inneren Teile eines Gußstückes nicht möglich, so ist seine lunkerfreie Herstellung vielleicht durch eine Teilung des Gußstückes (Fig. 91, S. 60 und Fig. 106, S. 63) oder durch eine Änderung seiner Konstruktion (Fig. 105, S. 62) anzustreben.

2. Ist die erste Bedingung aus konstruktiven Gründen nicht zu erfüllen, so soll das Gußstück so gestaltet werden, daß bei der Einformung überall da verlorene Köpfe aufgesetzt werden können, wo Hohlräume entstehen könnten. Werkstoffanhäufungen, die zur Bildung eines Hohlraumes führen, sind also nur an einer Stelle zulässig, an der ein verlorener Kopf aufgesetzt werden kann.

3. Scharfe Übergänge von dünn- zu dickwandigen Teilen sind zu vermeiden, da sie ebenfalls zur Lunkerbildung beitragen.

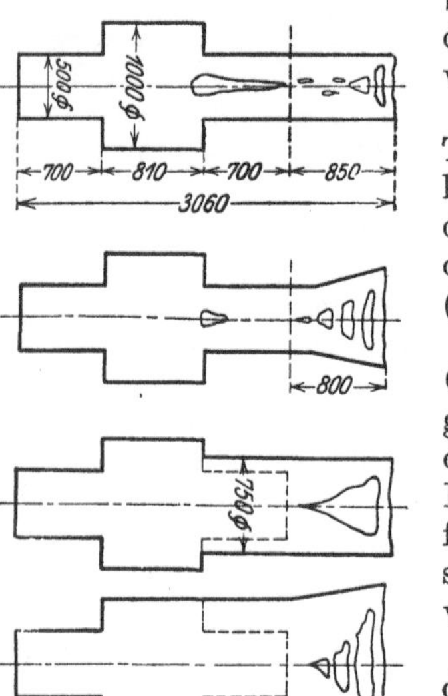

Fig. 46. Kammwalze.

An Hand von einigen Beispielen soll nun gezeigt werden, welchen Einfluß der Konstrukteur durch eine richtige Formgebung auf das gesunde Abgießen des Gußstückes hat und wie oft durch eine einfache Änderung in der Formgebung des Gußstückes die Herstellung eines gesunden Gusses ermöglicht oder erleichtert wird. Zuerst soll an einem Beispiel erläutert werden, welche Verteuerung des Gußstückes durch den notwendigen verlorenen Kopf oft eintritt. Es soll dadurch eine Erklärung für die mitunter hohen Preise großer, einfacher Gußstücke gegeben werden. Fig. 46 gibt das Bild einer Kammwalze wieder. Es zeigt, wie sich der Lunker bei verschiedener Ausführung des verlorenen Kopfes ausbildet. Daraus geht hervor, daß die Kammwalze nur dann vollständig gesund erhalten werden kann, wenn der obere Zapfen, auf dem der verlorene Kopf aufgesetzt ist, mit dem verlorenen Kopf verstärkt abgegossen wird. Dies bedingt einen bedeutenden Mehraufwand an Werkstoff und Bearbeitungslöhnen (reichlich 20 % des Gesamtwertes des Gußstückes), der in diesem Falle nicht zu vermeiden ist, da die Form der Walze nicht geändert werden kann.

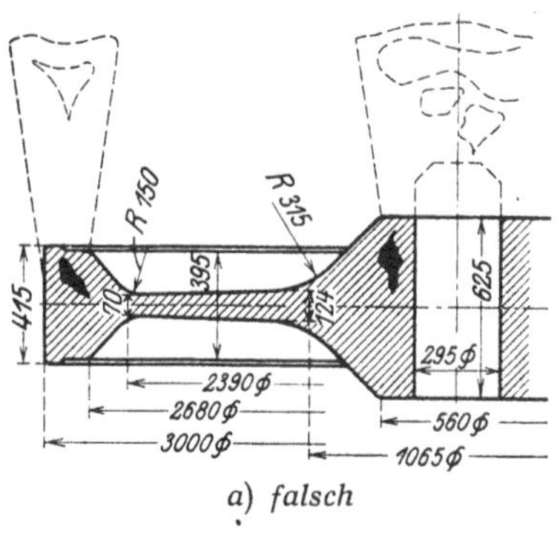

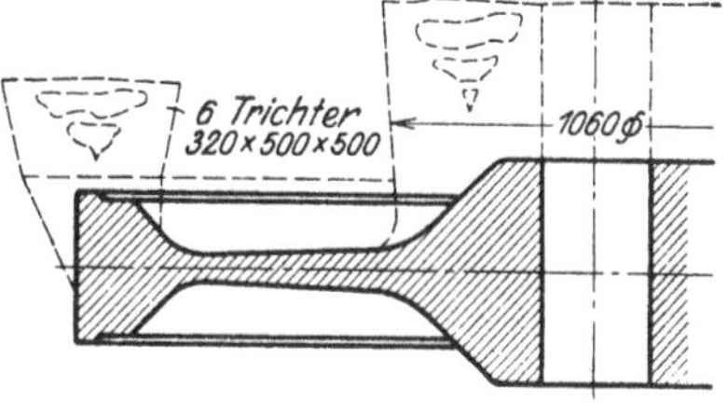

Vielfach läßt sich aber der Aufwand an Werkstoff und Arbeitslohn bedeutend einschränken, wenn geringe Änderungen in der Formgebung durchgeführt werden. Ein Beispiel hierfür ist in Fig. 47 a, b, c wiedergegeben, das in a und b die falsche, in c die richtige Ausführung eines Schwungrades zeigt. a gibt die Ausführung wieder, wie sie von dem Konstrukteur vorgeschrieben war. Werden bei ihr, wie es in a angedeutet ist, die verlorenen Köpfe nur in der Breite des Kranzes und der Nabe gehalten, so ist ein lunkerfreier Abguß des Stückes nicht gewährleistet; in dieser Form ist es nur dann gesund zu erhalten, wenn sowohl am Kranz als auch an der Nabe an den Stellen der verlorenen Köpfe bedeutende Zugaben vorgesehen werden. b gibt ein Bild davon. Wird das Gußstück jedoch nach c ausgeführt, welche Form auf seine Verwendungsfähigkeit keinen ungünstigen Einfluß ausübt, so ist es ohne bedeutende Schwierigkeiten und ohne hohen Werkstoffaufwand vollständig dicht zu erhalten. Wel-

c) richtig

Fig. 47. Schwungrad.

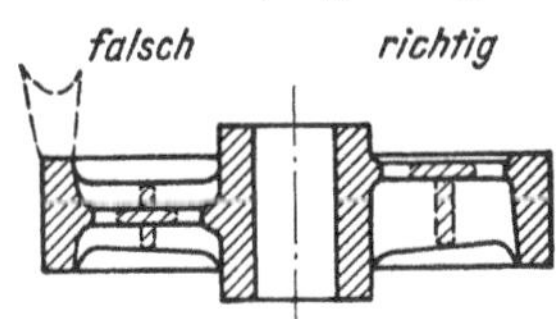

Fig. 48. Zahnradkörper.

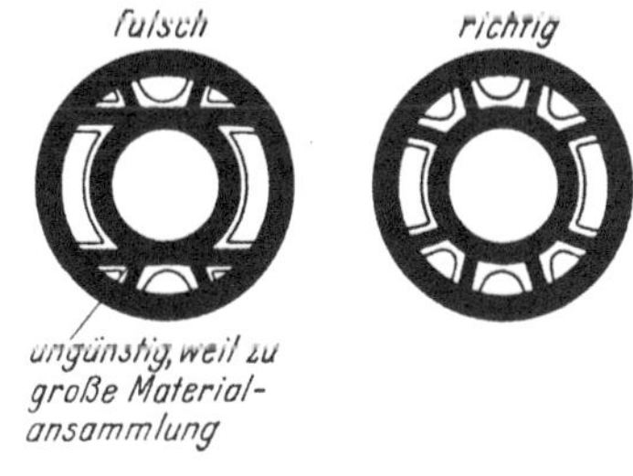

Fig. 49[1]). Schiffsmaschinenzylinder.

[1]) Fig. 49, 74, 89, 90, 104, 107, 108, 123 sind der „Fehlerecke" aus Stahl und Eisen 1922, 1923 entlehnt. Dieser Zeitschrift entstammen auch noch Fig. 73 und 82 (Malzacher 1926).

chen Einfluß diese Ausführungen auf die Selbstkosten haben, sollen nachstehende Zahlen zeigen. Bei Ausführung b beträgt das Gesamtgewicht der verlorenen Köpfe 10000 kg, im Falle c nur 4200 kg; es werden also 5800 kg Stahl, die annähernd etwa 50 % des Radgewichtes betragen, erspart. Bei einem Preis von

falsch richtig

Fig. 50. Führung einer hydraulischen Presse.

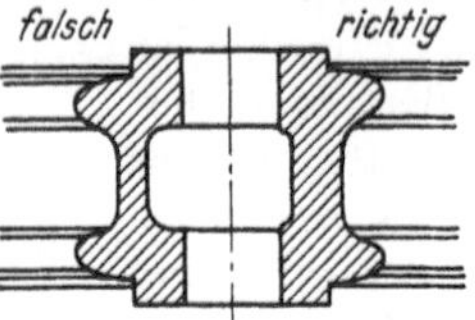

Fig. 51. Induktorradnabe.

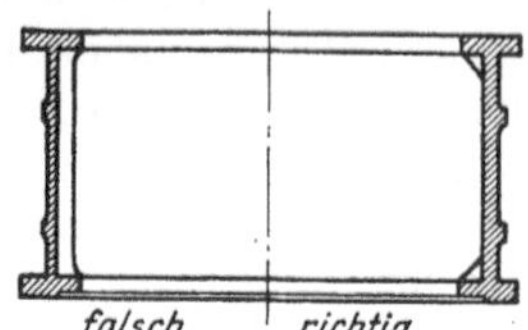

Fig. 52. Kollektorbüchse.

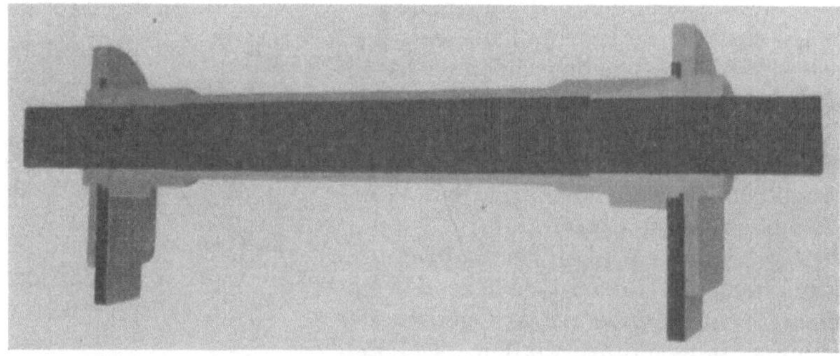

falsch

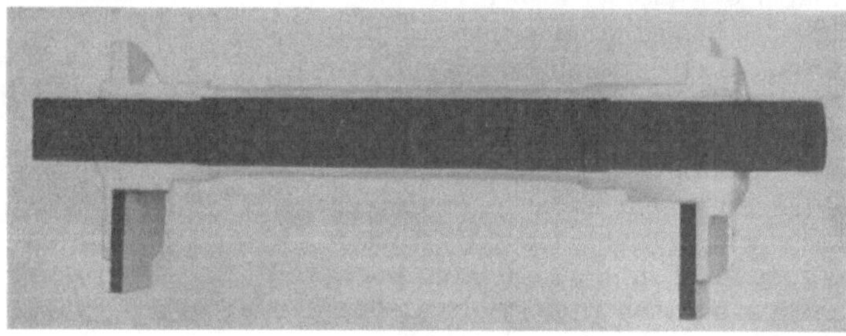

richtig

Fig. 53. Laufradnabe.

100 M für die Tonne flüssigen Stahles und 40 M für die Tonne Späne ergibt dies allein eine Werkstoffersparnis von $60 \cdot 58 = 348$ M. Weiter werden selbstverständlich die Bearbeitungskosten geringer sein, da ja im ersten Falle weitaus mehr abgearbeitet werden muß als im letzteren. Diese Minderausgaben sind mit weiteren 250 M in Rechnung zu stellen. Die Ersparnisse, die durch die Ausführung c erzielt werden, betragen insgesamt 15 % des Wertes des fertigen Gußstückes.

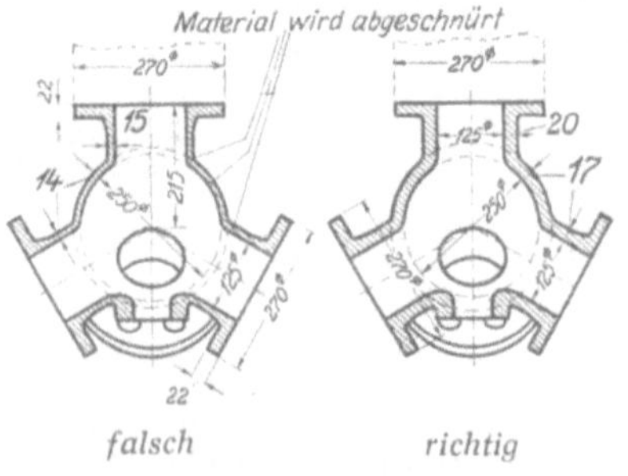

Fig. 54. Abzweigstück.

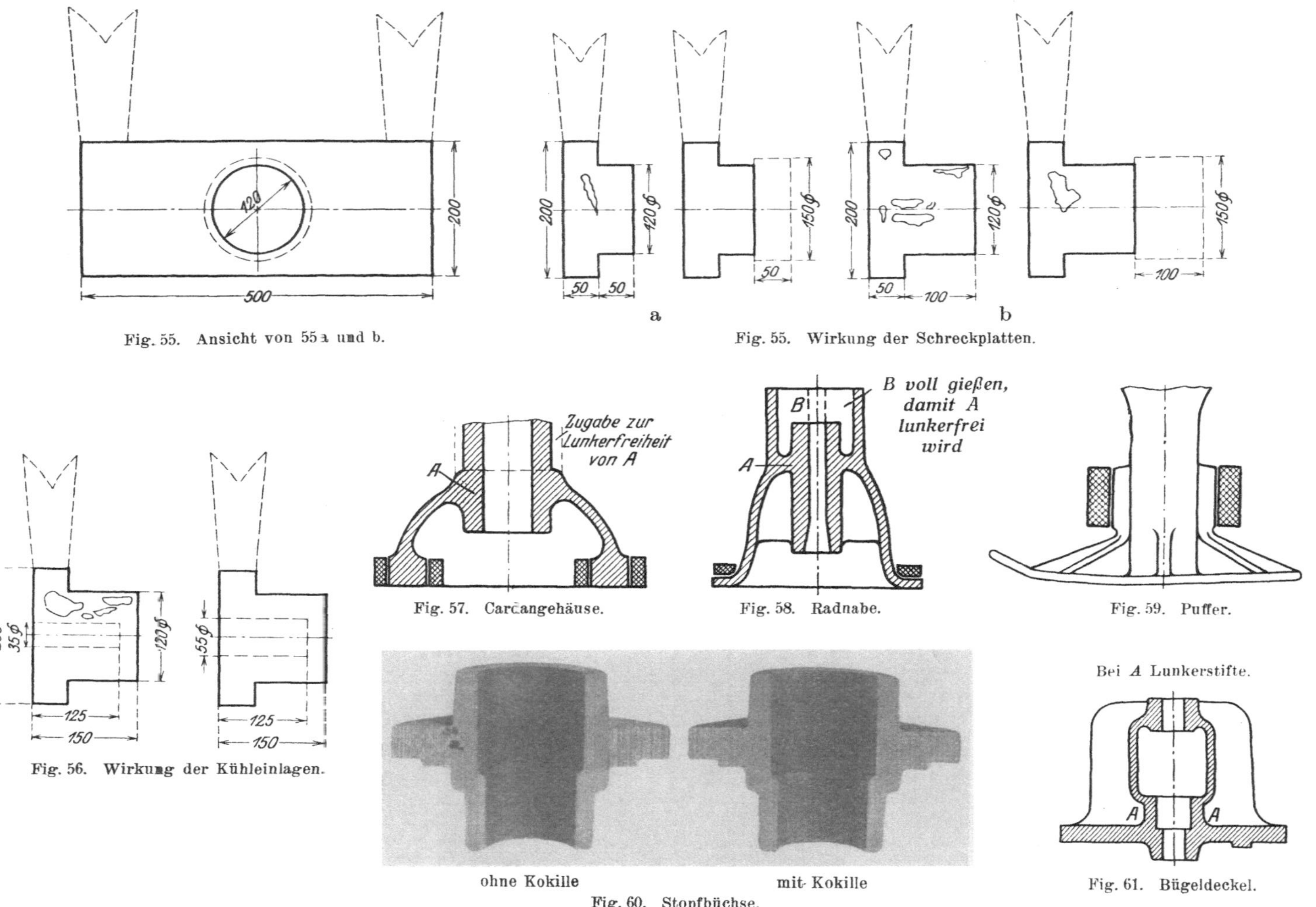

Fig. 55. Ansicht von 55a und b.

Fig. 55. Wirkung der Schreckplatten.

Fig. 56. Wirkung der Kühleinlagen.

Fig. 57. Cardangehäuse.

Fig. 58. Radnabe.

Fig. 59. Puffer.

Fig. 60. Stopfbüchse.

Fig. 61. Bügeldeckel.

Der Konstrukteur hat bei der Formgebung dieses Gußstückes die Regel, möglichst gleiche Wandstärke, vernachlässigt. Der gleiche Fehler ist, wie die in den Fig. 48 ÷ 54 und Fig. 122 (S. 69) wiedergegebenen falschen und richtigen Ausführungen verschiedener Gußstücke zeigen, auch in anderen Fällen durch einfache Änderungen in der Formgebung zu vermeiden.

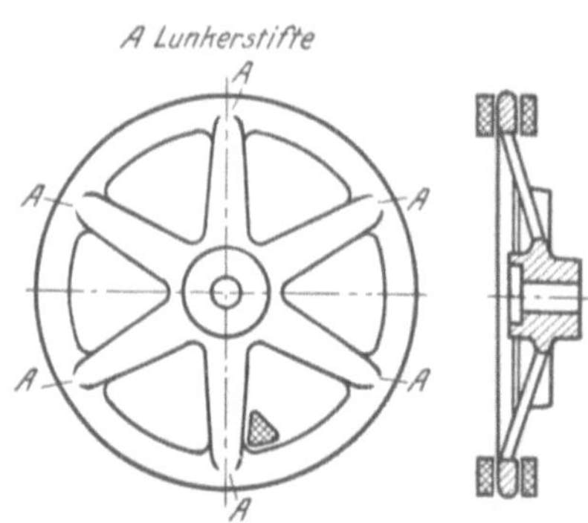

Fig. 62[1]. Volandrad.

Fig. 63. Zahnradkörper.

Läßt sich die Anhäufung von Werkstoff an bestimmten Stellen des Gußstückes unter keinen Umständen vermeiden, so bleibt dem Gießer zur Bekämpfung des Lunkers in diesem Teile als einziges Hilfsmittel die Anwendung von Schreckplatten (Kokillen) oder Kühleinlagen und Lunkernägeln übrig. In Fig. 55a und b ist die Wirkung der Schreckplatten schematisch wiedergegeben. Während in a durch die Schreckplatte (rechts, gestrichelt) ein Erfolg erzielt wurde, ist dies bei b bei der stärkeren Anhäufung trotz Anwendung einer größeren Kokille (rechts, gestrichelt) nicht der Fall. Helfen die Schreckplatten nicht mehr, so kann man mit Kühleinlagen der Bildung des Lunkers entgegenarbeiten. Es werden in diesem Fall Rund- oder Quadratstücke aus dem gleichen

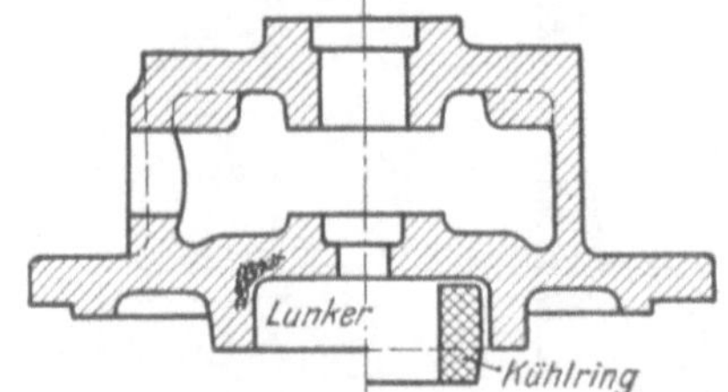

Fig. 64. Lagerschild (Preßluftmotor.)

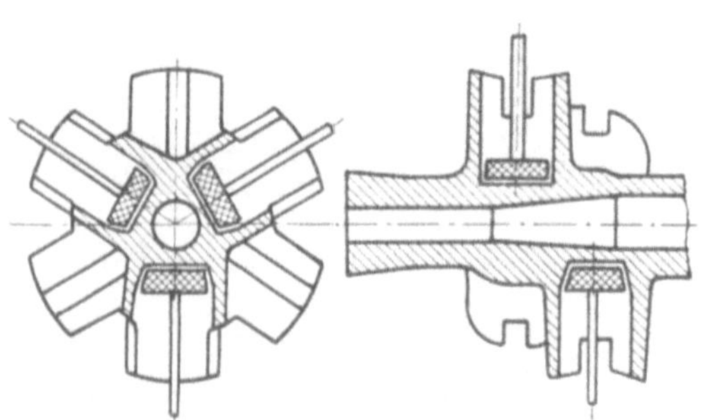

Fig. 65. Motorzylinderstern.

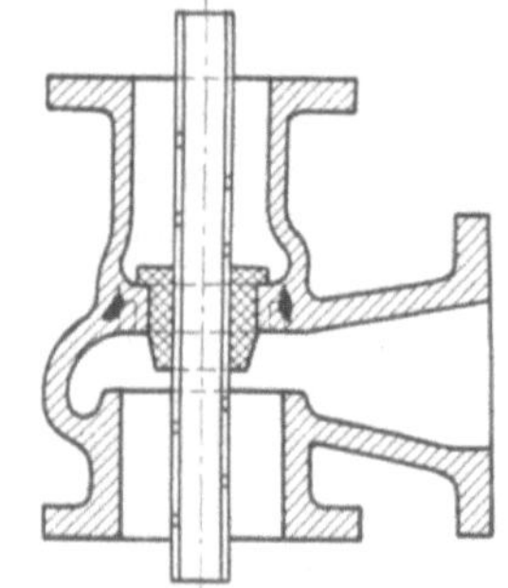

Fig. 66. Eckventil.

Werkstoff in die gefährdeten Teile der Form gelegt, die durch das Schmelzgut, das sich gleichzeitig bis auf die Erstarrungstemperatur abkühlt, auf eine so hohe Tem-

[1]) Fig. 62—66 und die Fig. 45, 77, 78, 79 und 80 sind der Gießerei-Zeitung entnommen.

peratur gebracht werden, daß sie einschweißen. Ihre Wirkung ist nur dann vollständig, wenn ihr Querschnitt in einem bestimmten Verhältnis zu dem Querschnitt steht, in den sie eingelegt werden. Diese Verhältniszahlen müssen durch Erfahrung erworben werden. Sind die Kühleinlagen zu schwach, so wird ein Hohlraum auftreten, sind sie zu stark, so verschweißen sie nicht. Fig. 56 zeigt die Wirkung derartiger Kühleinlagen verschiedener Stärke (in Figur gestrichelt) an dem gleichen Gußstück. Bei kleinen Gußstücken kann man die gleiche Wirkung mit Lunkernägeln erreichen. Ihr Kopf ist je nach dem Verwendungszweck verschieden groß. Fig. 57÷66 zeigen, wie Lunker mit Hilfe der Schreckplatten und Lunkerstifte bei einer Reihe von Stahl- und Graugußstücken verhindert wird. (Die Schreckplatten bzw. -ringe sind im Querschnitt überall durch Doppelschraffur gekennzeichnet.)

b) Gußspannungen. Gußspannungen sind die Folgeerscheinungen der gestörten festen Schwindung. Ihr gehinderter Verlauf kann einerseits seine Ursache in der ungleichmäßigen Abkühlung der einzelnen Teile des Gußstückes haben, andererseits kann er durch den Widerstand der Form bedingt sein. Temperaturunterscheide sind bei Gußstücken, deren einzelne Teile verschiedene Wandstärke aufweisen, nicht zu vermeiden, aber auch bei durchaus gleicher Wandstärke werden sie auftreten, wenn diese ein bestimmtes Maß überschreitet. Die Teile des Querschnittes, die mit der Formwand in Berührung stehen, werden sich anfangs rascher als die Mitte abkühlen; nach einer bestimmten Zeit, die von der Masse des Gußstückes, der Wärmeleitfähigkeit des Werkstoffes, der Wärmeleitfähigkeit der Form, der Höhe der Gießtemperatur und der Gießgeschwindigkeit abhängt, wird sich der Rand langsamer als die Mitte abkühlen. Fig. 67 gibt in den Kurven a und b den Temperaturverlauf der Abkühlung des Randes und der Mitte eines dickwandigen Gußstückes wieder. Der Abstand beider Linienzüge entspricht dem jeweiligen Unterschiede in den Temperaturen beider Teile. Nach Verlauf der Zeit Z findet der Wechsel der Geschwindigkeit in der Abkühlung zwischen Rand und Mitte statt.

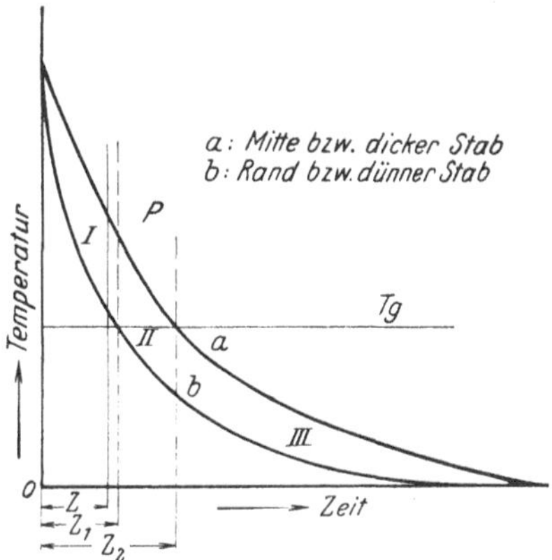

Fig. 67. Abkühlung (Zeit-Temperaturbild).

Wird für ein Gußstück, das aus zwei miteinander fest verbundenen Stäben besteht, von denen der eine dick, der andere dünn ist, die Längenänderung beider Stäbe in den einzelnen Zeitpunkten der Abkühlung bei freier Schwindung in einem Achsenkreuz eingetragen, so ergibt sich das in Fig. 68 wiedergegebene Bild. Die untere Kurve entspricht der Längenänderung des dünnen Stabes bei freier Schwindung, die obere jener des dicken Stabes, so daß also die Nullinie (Wagerechte durch c) die Länge jedes Stabes für die gewöhnliche Temperatur angibt. Tatsächlich werden die Längenänderungen beider Stäbe, da sie miteinander verbunden, anders verlaufen. Die verschiedene Längenänderung beider Teile des Gußstückes gibt, da sie in

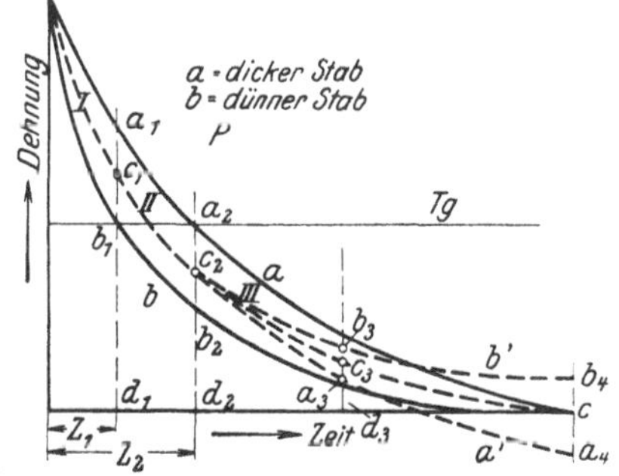

Fig. 68. Abkühlung (Zeit-Schwindungsbild).

keinem der Teile ungehindert vor sich gehen kann, zur Entstehung von Kräften, Spannungen, Veranlassung, die auf beide Teile einwirken. Je nach der Temperaturzone, in der diese Kräfte auftreten, und ihrer Stärke werden sie verschiedene Erscheinungen zur Folge haben.

Die Temperatur der Abkühlung des Werkstoffes läßt sich in zwei Zonen einteilen. Die erste Zone, die in den Fig. 67 und 68 mit dem Buchstaben P bezeichnet ist, umfaßt das Temperaturgebiet, in dem bei Auftreten von Spannungen vorwiegend plastische Veränderungen auftreten. In der zweiten Zone, unterhalb P werden die Spannungen vorwiegend elastische Formänderungen hervorrufen. Beide Zonen sind durch die Grenztemperatur Tg bzw. durch ein Temperaturgebiet voneinander getrennt. Nach den Untersuchungen von Rudeloff ist die Grenztemperatur für Gußeisen ungefähr 600°; für Stahlguß liegt sie ungefähr in derselben Höhe.

Die Temperaturzone, welche die Temperaturen vom Schmelzpunkt bis zur Raumtemperatur umfaßt, läßt sich in drei Gebiete einteilen. Gebiet I (Fig. 67 u. 68) ist jenes, in dem die Temperaturunterschiede des dünnen und dicken Stabes oder des Randes und der Mitte nur in der Zone der plastischen Formänderung liegen. Im Gebiet II ist der dünne Stab bzw. der Rand schon in dem Gebiet der elastischen Formänderungen, während der dicke Stab bzw. die Mitte noch die Temperaturen des Gebietes der plastischen Formänderungen besitzt. Gebiet III umfaßt jene Temperaturen, bei denen beide Teile die Zone der elastischen Formänderungen durchlaufen. Untersucht man an Hand der Fig. 68 die Veränderungen, die durch das Auftreten der Spannungen in den einzelnen Gebieten herbeigeführt werden, so läßt sich das Folgende sagen: Bei Erreichung der der Abkühlungszeit Z_1 entsprechenden Temperatur (Grenztemperatur zwischen den Gebieten I und II) müßte sich der dünne Stab bei freier Schwindung auf eine Verlängerung $d_1 b_1$, der dicke Stab auf $d_1 a_1$ verkürzt haben. Infolge der festen Verbindung beider werden sie aber eine gemeinsame Verlängerung $d_1 c_1$ annehmen. Der dicke Stab ist dadurch plastisch gestaucht, der dünne Stab plastisch gezogen worden. Beide haben eine Formänderung erfahren; sie sind aber spannungsfrei. In dem Gebiete II befindet sich der dicke Stab noch in der plastischen Zone, während der dünne Stab schon in das Temperaturgebiet der elastischen Formveränderung eingetreten ist. Bei Abkühlung bis auf die der Zeit Z_2 entsprechenden Temperatur (Grenztemperatur zwischen Gebiet II und III) werden beide Stäbe infolge ihrer starren festen Verbindung die gemeinsame Verlängerung $d_2 c_2$ annehmen. Der dünne Stab wird dadurch um das Stück $c_2 b_2$ elastisch verlängert, er steht unter Zugspannungen, der dicke Stab ist um das Stück $c_2 a_2$ plastisch verkürzt worden, er ist spannungsfrei. Bei der weiteren Abkühlung tritt nun auch der dicke Stab in die Zone der elastischen Formveränderungen. Von dem Punkte c_2 an folgen die Längenänderungen der beiden Stäbe nicht mehr den Kurven a und b, sondern den von c_2 aus gestrichelt gezogenen Kurven a', b', welche die Parallelen zu den Kurven a und b vom Punkte c_2 aus sind. In dem Punkte d_3 werden beide Stäbe an Stelle der Verlängerung $d_3 a_3$ bzw. $d_3 b_3$, die sie bei freier Schwindung einnehmen würden, wieder eine gemeinsame Verlängerung $d_3 c_3$ annehmen. Der dünne Stab ist jetzt elastisch verkürzt, er steht unter Druckspannungen, der dicke Stab ist elastisch verlängert worden, er steht unter Zugspannungen. Bei der weiteren Abkühlung werden die Spannungen immer größer. Es ist möglich, daß durch sie beide Stäbe nach dem vollkommenen Erkalten ihre normale Länge c, die sie bei freier Schwindung einnehmen würden, erhalten. Ist dies der Fall, so sind die plastischen Formänderungen durch die elastischen bleibenden Spannungen vollkommen ausgeglichen worden. Besteht die Möglichkeit des Verziehens oder des Verkrümmens, so können diese bleibenden Spannungen zu einem Verwerfen oder Verkrümmen des Gußstückes Veranlassung geben. Bezüglich der Art der elastischen Spannungen und der Art des Verziehens gilt die Regel, daß die Teile, die infolge ihrer Stärke eine langsamere Abkühlung durchmachen, unter Zugspannungen stehen oder sich konkav durchbiegen; Teile, die sich rascher abkühlen, stehen unter Druckspannungen oder biegen sich konvex durch (Fig. 69a u. b).

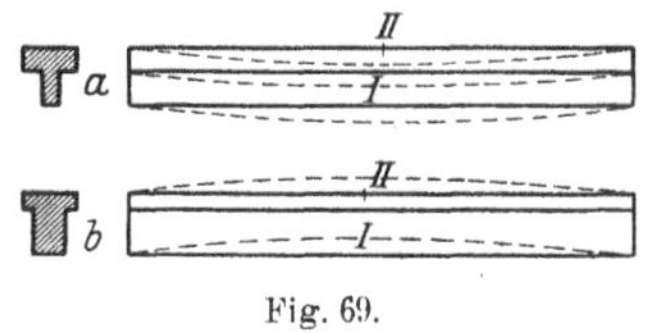

Fig. 69.

Wird in den Gebieten II und III die plastische Formänderung nicht mehr vollkommen ausgeglichen, so wird eine bleibende Formänderung des Gußstückes festzustellen sein.

Überschreiten die durch die verschiedenen Längenänderungen hervorgerufenen Spannungen in einem der Gebiete die Bruchgrenze des Werkstoffes, so muß ein Riß entstehen. Übersteigen die Spannungen in den Gebieten II und III die Streckgrenze des Werkstoffes, so wird ebenfalls eine dauernde Formänderung die Folge sein. In diesem Fall wird, wenn nach Überschreitung der Streckgrenze keine weiteren Temperaturunterschiede mehr auftreten, das Gußstück spannungsfrei sein.

Die Stärke der bleibenden, elastischen Spannungen ist von der Größe des Schwindmaßes, der Lage der Grenztemperatur T_g, dem Temperaturunterschied der zusammenhängenden Teile und der Größe ihrer Querschnitte abhängig. Die Größe der Spannungen, die in den einzelnen Teilen eines Gußstückes auftreten, verhalten sich im allgemeinen wie seine Querschnitte.

Außer durch die Temperaturunterschiede können die gleichen Folgeerscheinungen durch den Widerstand der Form hervorgerufen werden. Die Stärke der dadurch geweckten Spannungen wird von dem Schwindmaß des Werkstoffes und dem Widerstand der Form abhängen.

Die Folgeerscheinungen einer gehinderten festen Schwindung sind also: 1. Bleibende elastische Spannungen, die, falls sie sich auswirken können, ein Verwerfen, Verziehen oder Verkrümmen des Gußstückes bewirken, 2. dauernde Formveränderungen (Verlängerung oder Verkürzung), 3. Risse, die, je nachdem, ob sie bei hoher Temperatur oder bei niedriger entstanden sind, als Warm- oder als Kaltrisse angesprochen werden. Die Warmrisse treten dabei nicht in den schwachen, sondern in den starken Querschnitten oder in den Übergängen beider auf, da an diesen Stellen die Festigkeit infolge der durch die Massenanhäufung bedingten höheren Temperatur bedeutend kleiner ist als in den schwachen schon kälteren Querschnitten. Die dauernden Formveränderungen, gleichgültig, ob sie durch Überschreitung der Streckgrenze in den Gebieten der elastischen Formveränderung oder durch plastische Formveränderungen entstanden sind, lassen sich nicht wieder gut machen. Die elastischen Spannungen, die in dem Gußstück verbleiben, können durch einen Glühprozeß ausgelöst werden. Es muß das Gußstück dabei in jenes Temperaturgebiet gebracht werden, in dem beim Erkalten noch keine bleibenden Spannungen vorhanden waren. Die Gußstücke, die starken Beanspruchungen ausgesetzt sind, sollen für jeden Fall vor ihrer Verwendung geglüht werden, denn nur dann kann man mit der durch die Gütewerte des Werkstoffes festgelegten Arbeitsleistung rechnen.

Der Konstrukteur und der Gießer müssen dafür Sorge tragen, daß die Temperaturunterschiede, die beim Abkühlen von der Gießtemperatur auf die gewöhnliche im Gußstücke auftreten, sowie die Widerstände der Form auf ein Mindestmaß eingeschränkt werden, damit kein Ausschuß durch Rißbildung oder durch eine zu weitgehende Formveränderung entsteht.

Der Konstrukteur muß bei der Formgebung des Gußstückes erstens auf eine gleichmäßige Abkühlung aller Teile bedacht sein. Möglichst gleichmäßige Wandstärke wird also auch bezüglich der Folgeerscheinungen der festen Schwindung anzustreben, scharfe Ecken und Kanten werden zu vermeiden sein. Anhäufungen an einzelnen Stellen sind auch zur Ausschaltung der Folgeerscheinungen der festen Schwindung tunlichst zu unterlassen. Plötzliche Übergänge dünnwandiger zu dickwandigen Teilen sollen vermieden werden, da an den Übergängen in der Regel Risse auftreten. Ein Beispiel hierfür gibt das in Fig. 70 wiedergegebene Kupplungszwischenstück für einen Ölmotor, das bei der Ausführung „falsch" zwischen Flansch und Rohrstück Risse aufweist, die beim allmählichen Übergang der richtigen Ausführung vermieden werden. Bei der Formgebung wird der Konstrukteur weiter darauf Rücksicht nehmen, daß ein Verziehen des Gußstückes infolge der Spannungen nicht eintreten kann. Diese Folgeerscheinung wird sich, wie Fig. 71 (falsch und richtig) darlegt, oft durch eine einfache Änderung im Gußstück vermeiden lassen. Zweitens hat der Konstrukteur das Gußstück so zu entwerfen, daß es bei der Abkühlung durch den Widerstand der Form nicht in der Schwindung gehindert wird. Vorspringende Teile, die in die Formmasse hineinragen, sollen daher möglichst fortfallen. Diese Forderung wird vielfach nicht berücksichtigt. Fig. 72 zeigt in der Ausführung „falsch" und „richtig", daß ohne Gefährdung der Verwendungsmöglichkeit vorspringende Teile entfallen können. Versteifungsrippen, die von dem Konstrukteur oft angewandt werden, um den Widerstand des Gußstückes gegen mechanische Beanspruchungen zu erhöhen, sollen wegen ihres ungünstigen Einflusses auf das Schwinden womöglich vermieden werden. Sind sie nicht zu umgehen, so müssen sie schwächer gehalten werden als das durch die Schwindung beanspruchte Gußstück. Fig. 73 gibt die „falsche" und die „richtige" Ausführung der Versteifungsrippen wieder. Der Former wird an den Stellen, an denen sie vorgesehen sind, Schwindungsrippen S anbringen, um sie während der Abkühlung des Gußstückes zu versteifen. Gußstücke mit geschlossenem, kastenförmigem Querschnitte werden bedeutend schwieriger schwinden als solche mit einem offenen oder einem ähnlichen Querschnitt. Es wird in vielen Fällen möglich

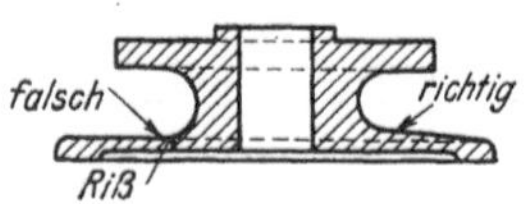

Fig. 70. Kupplungszwischenstück.

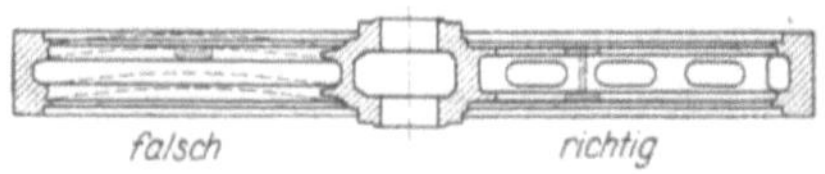

Fig. 71. Induktorrad.

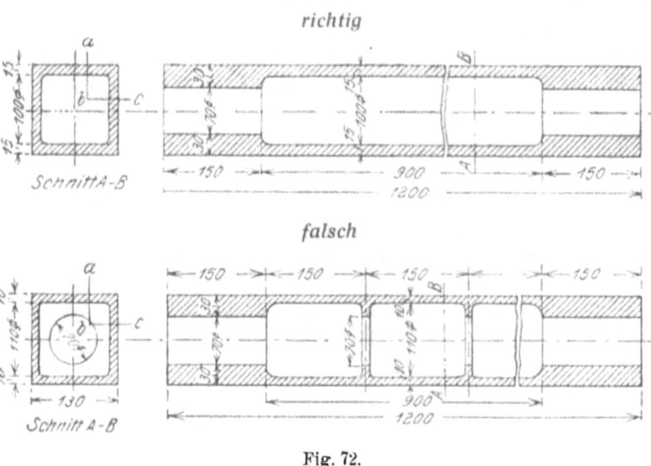

Fig. 72.

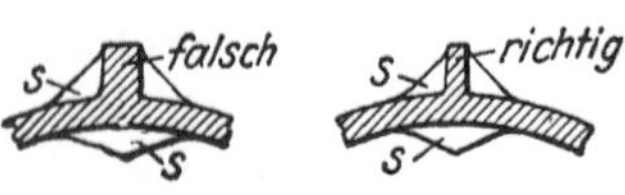

Fig. 73. Versteifungsrippen.

sein, diesen durch jenen zu ersetzen. Fig. 74 gibt in der Ausführung „richtig“ den Zylinderkopf einer Zweitaktgasmaschine wieder, bei welcher der Wassermantel im Stopfbüchsenrohr vollständig aufgeschnitten ist, entgegen der Ausführung „falsch“, bei der er vollständig geschlossen war. Ausführung „richtig“ bietet nicht nur eine größere Sicherheit gegen Schwindungsrisse und Gußspannungen, sie hat weiter noch den Vorteil, daß das Gußstück leichter geputzt werden kann.

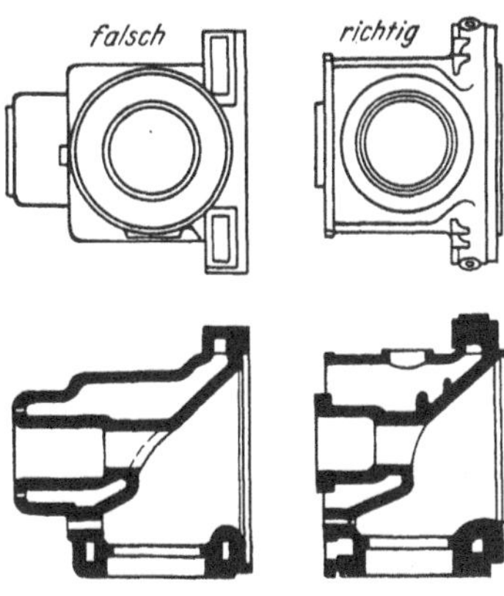

Fig. 74. Zylinderkopf einer Zweitaktmaschine.

Ist die Erfüllung der beiden Forderungen nicht möglich, so hat der Konstrukteur dafür Sorge zu tragen, daß die auftretenden Spannungen von einzelnen Teilen des Gußstückes, ohne Schädigung aufgenommen werden können. Bei Speichenrädern kann dies in verschiedener Weise erreicht werden. In ihnen treten zwischen Kranz und Nabe einerseits und den Armen andererseits starke Spannungen auf; es ist daher vor allem auf das richtige Verhältnis der Querschnitte dieser Teile zu achten. Ist der Kranz im Verhältnis zu den Armen und der Nabe zu schwach (Fig. 75a), so wird er verzerrt, oder es treten Risse an den Verbindungsstellen von Arm und Kranz auf (A); ist die Nabe im Verhältnis zu den Armen und dem Kranze zu schwach, so wird sie verformt (Fig. 75b). S-förmig gebogene Arme (Fig. 75c) werden die Spannungen besser aufnehmen als gerade; sie bieten also ein Hilfsmittel zur Linderung, doch wird man von ihnen selten Gebrauch machen, da sie die Herstellung des Modelles und der Form erschweren. Andere Mittel, um die Spannungen zu mildern, bestehen in der Sprengung des Kranzes (Fig. 75d) oder der Sprengung der Nabe (Fig. 75e). Bei Scheibenrädern können die Spannungen dadurch vermindert werden, daß die Scheibe nicht gerade, sondern gewölbt ausgeführt wird (Fig. 75f).

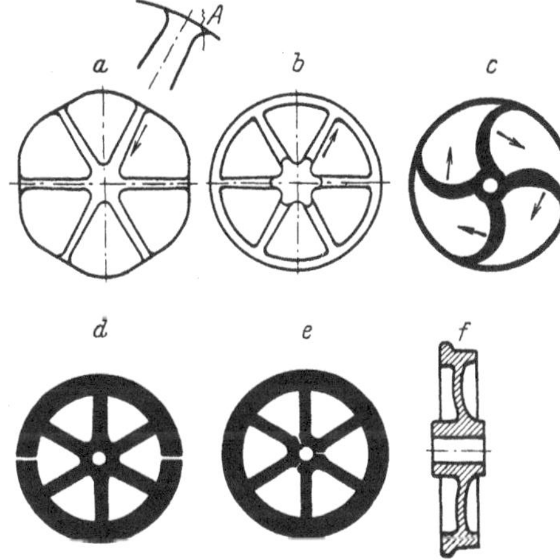

Fig. 75. Ausführungen von Scheiben- und Speichenrädern.

Ist durch derartige oder ähnliche Hilfsmittel keine Abhilfe zu schaffen, so ist eine Teilung des Gußstückes in Frage zu ziehen. Ein Beispiel hierfür gibt Fig. 76 wieder. Es ist dies ein Zweitaktkraftzylinder, bei dem bei falscher Ausführung Zylinder und Mantel in einem Stück hergestellt werden, in welchem Falle im Zylinder starke Zugspannungen auftreten. Durch die getrennte Ausführung beider sind sie zu vermeiden. Die

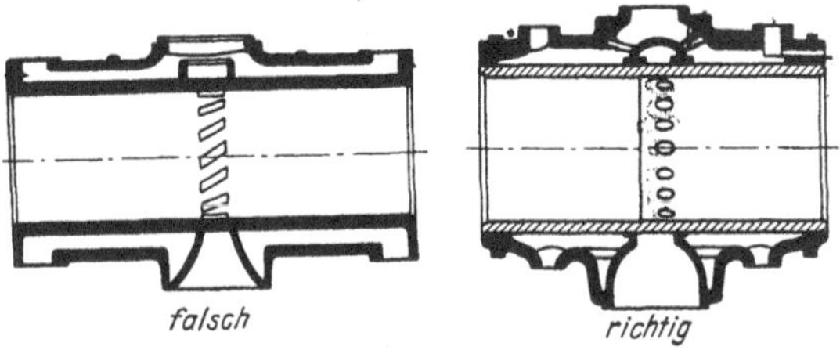

Fig. 76. Zweitaktkraftmaschinen-Zylinder.

geteilte Fertigung hat auch noch den Vorteil, daß der Mantel immer wieder erneuert werden kann, wenn er schadhaft wird (s. auch Fig. 89, S. 59).

Kann der Konstrukteur die Verminderung der Gußspannungen nicht durch die Formgebung ermöglichen, so muß er bei der Festlegung der Form des Gußstückes wenigstens darauf Rücksicht nehmen, daß der Former durch Versteifungsrippen und andere Hilfsmittel die Gefahr einer Rißbildung beseitigen kann.

Bei den meisten der aus Stahlguß ausgeführten Gußstücke läßt sich die ungleichmäßige Abkühlung der einzelnen Teile, sowie die Erschwerung der festen Schwindung durch den Widerstand der Form in den seltensten Fällen ganz vermeiden. Es sind daher in der Regel in jedem Stahlgußstück nach der Abkühlung auf normale Temperatur Spannungen vorhanden. Damit bei Gebrauch mit den vollen Gütewerten des Werkstoffes gerechnet werden kann, ist es unbedingt notwendig, die Gußstücke, besonders wenn sie hoch beansprucht sind, geglüht zu bestellen.

An den Stellen, die bearbeitet werden müssen, hat der Konstrukteur eine entsprechende Bearbeitungszugabe vorzuschreiben. Sie muß auf Grund der Erfahrungen so groß gewählt werden, daß trotz ungleichmäßiger Schwindung noch genügend Zugabe an diesen Stellen verbleibt, damit das Schneidwerkzeug nicht auf der harten Gußhaut kratzt. Die Größe der Bearbeitungszugabe richtet sich nach dem Werkstoff, der Formmethode (maschinelle oder von Hand, Holz-, Metallmodell oder Schablone), der notwendigen Oberflächenbeschaffenheit und der Bearbeitungsweise. Sie wird bei Einzelausführungen auf Grund der Erfahrungen festgelegt, bei Massenerzeugung an Hand von Probeabgüssen ermittelt.

Der Former muß bei der Herstellung der Form die Volumverkleinerung, die durch die feste Schwindung herbeigeführt wird, berücksichtigen. Er muß das Modell mit der notwendigen Schwindungszugabe herstellen. Diese ist für Grauguß normal mit 1%, für Stahl- und Rohguß normal mit 2% festgelegt. Die Schwindung des Gußstückes geht aber nicht immer normal vor sich (s. Tabelle 11, S. 39). Bei kleinen Gußstücken wird dadurch noch kein Ausschuß entstehen, bei großen Gußstücken kann dies der Fall sein. Die richtige Abschätzung des Schwindmaßes ist daher von großer Bedeutung. Die Störungen in der Schwindung eines Gußstückes sind von seiner Form abhängig; sie sind nicht in allen Richtungen gleich. Die sichere Beurteilung der Schwindungsvorgänge und ihre Ausgleichung durch Einhalten verschiedener Zugaben in einzelnen Teilen des Gußstückes ist eine Kunst, die der Former und Gießereileiter auf Grund ihrer Erfahrung beherrschen sollen. Nachstehend einige Beispiele, wie durch abnorme Schwindungszugaben Ausschuß vermieden werden kann. Fig. 77 gibt eine Riemenscheibe wieder, bei der durch eine gestörte Schwindung der Kranz sich in der links angedeuteten Art verzieht. Eine derart verzogene Scheibe kann dadurch Ausschuß werden, daß sie, auf die vorgeschriebenen Maße abgedreht, bei *a* zu schwach wird. Um diesem Übelstande abzuhelfen, wird der Former an der Innenseite des Kranzes eine keilförmige Zugabe anbringen, wie es rechts angedeutet ist. Hat sich diese Zugabe durch die gestörte Schwindung nicht ausgeglichen, so bedingt sie eine Nacharbeitung der Innenfläche auf das richtige Maß. Ein weiteres Beispiel der verschiedenen Schwindung der einzelnen Teile gibt die in Fig. 78 gezeichnete Polradhälfte. Sie wird

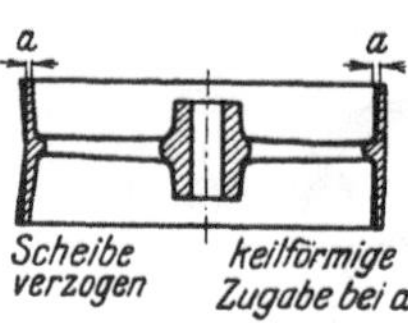

Fig. 77. Riemenscheibe.

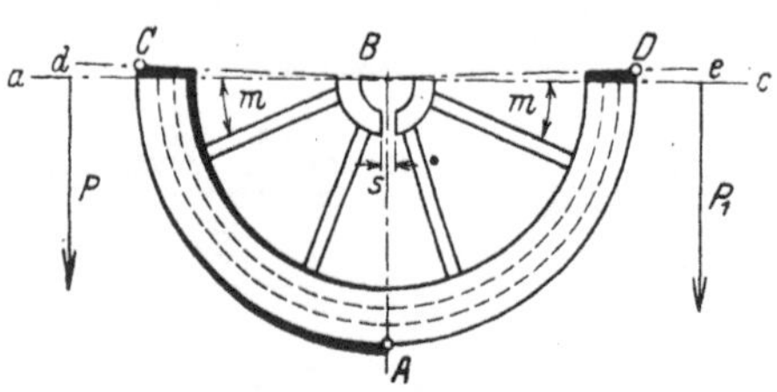

Fig. 78. Polradhälfte.

infolge der auftretenden Spannungen unregelmäßig schwinden; soll kein Ausschuß erzeugt werden, so müssen die Zugaben an den einzelnen Teilen verschieden gehalten werden. Bei A ist die Schwindung normal, bei C und D ist sie abnorm, da sich das Gußstück in der Richtung der Pfeile P und P_1 mit dem Punkt A als Drehpunkt verziehen wird. Ist das Gußstück allseitig mit der gleichen Bearbeitungszugabe eingeformt worden, so wird es bei großen Durchmessern durch das Verziehen Ausschuß werden, da der Innendurchmesser bei C und D nicht mehr eingehalten werden kann, während sich der Außendurchmesser bei C und D entsprechend der Stärke des Verziehens vergrößert hat, was an diesen Stellen eine stärkere Abarbeitung bedingt. Um die Folgen des Verziehens auszugleichen, wird es daher notwendig sein, daß an der Innenfläche die Zugabe von A aus nach C und D keilförmig zunimmt und an der Außenseite ebenso abnimmt.

Aus diesen Beispielen ist zu entnehmen, daß die Gießerei die Gußstücke vielfach nur auf Kosten eines höheren Gewichtes des Abgusses und eines größeren Aufwandes für das Bearbeiten einwandfrei herstellen kann. Der Besteller wird daher, falls er die Bearbeitung selbst durchführt, in Sonderfällen Änderungen in den Toleranzen des Gewichtes anerkennen müssen.

Der Former kann die Störungen der festen Schwindung weiter durch die folgenden Mittel bekämpfen: Bei Gußstücken mit verschiedener Wandstärke wird er an jenen Stellen, die langsamer abkühlen, eine raschere Abkühlung durch Aufbrechen oder Erweichen der Form herbeiführen. Das Aufbrechen muß natürlich in dem richtigen Augenblicke vorgenommen werden. Geschieht es zu früh, so kann das Schmelzgut noch nicht erstarrt sein, es würde dann die Form auslaufen; geschieht es zu spät, so können die Risse bereits entstanden sein. Es bedarf also die Durchführung dieses Hilfsmittels auch bestimmter Erfahrung.

Bei Stahl- und Temperguß setzt die feste Schwindung sofort nach dem Erstarren ein, bei Grauguß ist nach dem Festwerden zuerst eine Ausdehnung festzustellen. Die Form wird daher bei Stahl- und Temperguß verhältnismäßig früher aufgebrochen werden müssen als bei Grauguß. Bauer hat für eine bestimmte Zusammensetzung des Graugusses an einer Reihe von Probestäben, deren Querschnitte die verschiedenste Form hatten, den Beginn der festen Schwindung ermittelt. Tabelle 13 gibt das Ergebnis dieser Versuche wieder. Es müßte danach beispielsweise bei einem Speichenrad aus diesem Grauguß, dessen Kranz einen

Tabelle 13. Einfluß des Querschnittes auf den Beginn und die Stärke der festen Schwindung von Grauguß.

Stab	Querschnitt cm	Verhältnis von Umfang zu Querschnitt $U:R$ cm/cm²	Schwindung unter die Nullinie Schwindmaß mm	Gesamtschwindung mm	+ Schwindungsbeginn nach st	min	Analyse Si %	Mn %	P %	S %
A	16 · 0,7	3 : 1	15,0	15,5		12	2,22	0,76	0,83	0,017
B	16 · 0,8	2,5 : 1	14,5	14,5		15	2,22	0,72	0,80	0,120
C	16 · 1,1	2 : 1	13,6	13,6		18	2,28	0,83	0,85	0,100
D	12 · 1,25	1,75 : 1	12,0	12,0		20	2,42	0,91	0,85	0,117
E	12 · 1,5	1,5 : 1	11,0	11,0		20	2,30	0,77	0,70	0,138
F	8 · 2	1,25 : 1	10,4	10,7		25	2,30	0,84	0,76	0,093
G	4 · 4	1 : 1	9,0	10,7		30	2,32	0,77	0,67	0,110
H	5 · 5	1 : 1,25	8,5	10,5		45	2,21	1,00	0,63	0,092
I	6 · 6	1 : 1,5	7,6	10,3	1	—	2,10	1,14	0,49	0,110
K	7 · 7	1 : 1,75	5,1	10,1	1	30	2,10	1,14	0,50	0,110
L	8 · 8	1 : 2	3,7	9,7	2	10	2,12	0,77	0,87	0,096
M	10 · 10	1 : 2,5	3,5	9,7	3	—	2,43	0,91	0,84	0,118
N	12 · 12	1 : 3	2,7	9,7	4	—	2,10	0,80	0,85	0,101

Querschnitt aufweist, bei dem sich der Umfang zum Inhalt wie 1 : 1 verhält und bei dessen Nabe dieses Verhältnis 1 : 2 beträgt, die Nabe spätestens nach 30 Minuten freigelegt werden, da nach dieser Zeit die feste Schwindung des Kranzes einsetzt.

Bei dem Zusammensetzen der Form muß darauf geachtet werden, daß die einzelnen Formkasten gut aufeinandersitzen, denn sonst bilden sich starke Grate oder Federn, die ebenso wie vorspringende Teile die feste Schwindung erschweren. Falls die Form der Schwindung Widerstände entgegensetzt, wird der Former diese Widerstände ebenfalls durch Aufbrechen oder Erweichen der Form beseitigen. Er wird in diesem Fall schon bei der Fertigstellung der Form dafür sorgen, daß sie möglichst nachgiebig ist. Kerne, die in die Form eingelegt werden, wird er, soweit es tunlich ist, hohl ausbilden, wie beispielsweise die Kerne von Speichenrädern (Fig. 79). Ist diese Art der Ausführung nicht möglich, so wird er sie aus nachgiebigem Werkstoff herstellen oder mit Einlagen aus nachgiebigen Stoffen ausstatten (Fig. 80).

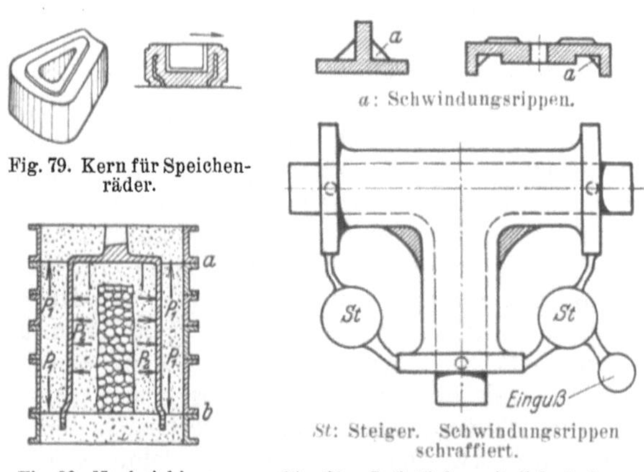

Fig. 79. Kern für Speichenräder.

Fig. 80. Nachgiebiger Kern.

Fig. 81. Gußstücke mit Schwindungsrippen.

Als weiteres Hilfsmittel wird er Schwindungsrippen, die das Gußstück an den gefährdeten Stellen versteifen, anbringen (Fig. 81 u. 73). Auch Schreckplatten, die eine raschere Abkühlung und damit eine Versteifung des gefährdeten Teiles herbeiführen, können als Hilfsmittel gegen die Folgeerscheinungen der festen Schwindung in Anwendung kommen. Bei dem Anschneiden des Gußstückes, d. h. Anbringen von Einguß und Steigern, muß der Former erstens auf den Widerstand, den sie dem Schwinden des Gußstückes entgegensetzen, zweitens auf die durch sie bedingten Temperaturverhältnisse im Gußstück Rücksicht nehmen, damit sie nicht Veranlassung zu Warmrissen geben. Wird beispielsweise die Kurbelwelle nach Fig. 82 nach der in der Figur angegebenen Art angeschnitten, so wird sich in den Teilen 2 ÷ 3 der heißeste, in den Teilen 3 ÷ 4 der kälteste Stahl befinden. Wird nun 3 ÷ 4 durch irgendein Hindernis am Schwinden gehindert, so reißt die Welle an der Übergangsstelle zum Blatt. Wird der Einguß aber am Ende des längeren Schaftes angebracht, und werden beide Schäfte etwas kegelig ausgebildet, so ist das Gußstück fehlerlos.

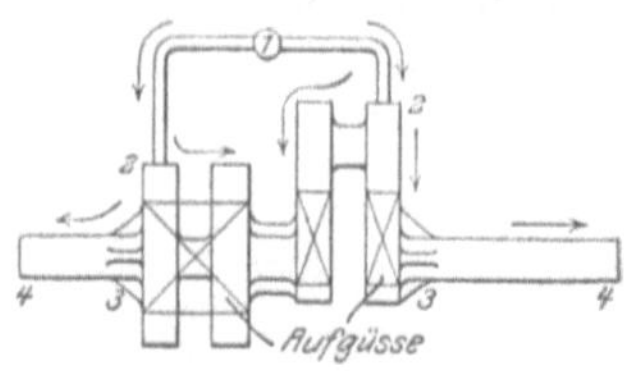

Fig. 82. Kurbelwelle.

In der Wahl der chemischen Zusammensetzung des Schmelzgutes hat der Gießereileiter auch bis zu einem gewissen Grad ein Mittel in der Hand, die Schwindung zu bekämpfen, da von der chemischen Zusammensetzung die Größe des Schwindmaßes und damit die Höhe der Spannungen abhängig ist. Die chemische Zusammensetzung beeinflußt auch die Festigkeit der Werkstoffe. man kann also auch durch eine geeignete Auswahl des Werkstoffes den Widerstand gegen die Gußspannungen erhöhen. Bezüglich Stahlguß ist zu sagen, daß für Gußstücke, die ihrer Form nach zu starken Gußspannungen neigen, ein härterer

Tabelle 14. Erstarrungs- und Abkühlungsvorgänge, ihre Folgen und Vorkehrungen dagegen.

Vorgang	Folgeerscheinung	Vorkehrung des	
		Konstrukteurs	Gießereileiters
Primäre Kristallisation	Ausbildung d. Größe u. Form (globulitisch od. dentritisch) der Kristalle d. metallischen Grundmasse, bei Grauguß außerdem Ausbildung der Form und Verteilung des Graphites. Bei Stahlguß sind kleine globulitische Kristalle, bei Grauguß ist gleichmäßige, feine Verteilung des Graphites anzustreben.	Festlegen der Wandstärke und des Querschnittes in solcher Art, daß die Erstarrung in allen Teilen gleichmäßig vor sich geht. Beide sollen ein leichtes Ausfüllen der Form ermöglichen.	Regelung der Gießverhältnisse (Gießtemperatur u. -geschwindigkeit, Temperatur der Form, Wahl der Formstoffe). Bei Grau- u. Temperguß ist außerdem auf die Überhitzung der Schmelze und deren chemische Zusammensetzung zu achten.
Kristallseigerung	Verschlechterung der Güte durch Ausbildung ungleichmäßig zusammengesetzter Kristalle.	Wie bei der primären Kristallisation.	Regelung der Gießverhältnisse, Vermeidung zu hoher Phosphorgehalte.
Blockseigerung	Ungleichmäßigkeit der Zusammensetzung des Gußstückes in den langsam erstarrenden Teilen, Erhöhung der Bruchgefahr.	Wie bei der primären Kristallisation.	Regelung der Gießverhältnisse, Vermeidung zu hoher Phosphor- u. Schwefelgehalte.
Gasblasen und Gasblasenseigerung	Ausschuß des Gußstückes infolge von Porosität.	Vermeidung großer wagrechter Flächen, Formgebung der Gußstücke in solcher Art, daß die in der Form eingeschlossene Luft beim Abgießen leicht entweichen kann. Ausbildung der Kerne derart, daß Kernstützen vermieden werden; Unterlassen von Anhäufungen, deren Lunkerfreiheit nur durch Einlager an d. gleichen Werkstoff erreicht werden kann, Unterteilung des Gußstückes.	Einwandfreie Fertigstellung des Schmelzgutes, entsprechender Si-Gehalt und entsprechende Desoxydation (Mn-Gehalt). Anbringen von Steigern und Windpfeifen. Auf trockene und gasdurchlässige Form sowie auf Rostfreiheit der Kernstützen und Gußeinlagen achten.
Schlackeneinschlüsse	Verschlechterung der Güte des Gußstückes infolge der Unterbrechung der metallischen Grundmasse.	Vermeidung wagrechter Flächen, falls sie bearbeitet werden, Festlegung einer entsprechenden Bearbeitungszugabe.	Abstehenlassen des Schmelzgutes im Ofen und in der Pfanne. Richtiges Verhältnis der Maße des Eingusses (Trichter, Schlackenfang, Ausschnitt).
Sekundäre Kristallisation	Ausbildung des Gußgefüges, der Form und Größe der sekundären Kristalle, sie steht in engem Zusammenhang mit der Form und Größe der primären Kristalle.	Wie bei der primären Kristallisation.	Einschränkung der Verunreinigungen (nichtmetallische Einschlüsse und des Phosphor- u. Schwefelgehaltes), da diese neben der Form und Größe der primären Kristalle die Form u. innere Ausbildung d. sekundären Kristalle beeinflussen.
Flüssige und Erstarrungsschwindung	Lunker, der das Gußstück unverwendbar machen kann.	Wie bei prim. Kristallisation, Vermeidung von Werkstoffanhäufungen an solchen Stellen, an denen kein verlorener Kopf angebracht werden kann. Vermeidung scharfer Übergänge v. dünn- zu dickwandigen Teilen, Unterteilung des Gußstückes	Verwendung von verlorenen Köpfen von entsprechender Form und Größe, Anwendung von Schreckplatten (Kokillen) u. Einlagen. Verlegung d. Seite d. Gußstückes beim Einformen nach oben, auf deren Dichtheit es am wenigsten ankommt.
Feste Schwindung	Spannungen, die zu plastischen oder elastischen Formänderungen des Gußstückes oder zum Auftreten von Rissen oder elastischen Gußspannungen Veranlassung geben. Verziehen oder Verwerfen.	Wie bei der primären Kristallisation, weiter Wahl der äußeren Form so, daß die feste Schwindung durch keine in die Formmasse hineinragenden Teile eine Störung erfährt, allmähliche Übergänge der dünnen in die dickwandigen Teile. Richtiges Verhältnis der Querschnitte jener Teile, die sich an der festen Schwindung stören. Wahl der Querschnittsform so, daß der gefährdete Teil der auftretenden Spannungen den größten Widerstand entgegensetzt. Sprengung der Naben von Rädern. Vermeiden v. Ecken u. Kanten.	Bloßlegen der Teile des Gußstückes nach dem Erstarren, die größere Querschnitte aufweisen, Eingießen von Wasser in die Form zur rascheren Abkühlung und Verfestigung der Teile, die Spannungen ausgesetzt sind. Nachgiebigkeit der Form durch Auswahl der richtigen Formstoffe und Anwendung von Hohlkernen, Versteifungsrippen und Schreckplatten, Glühen d. Gußstückes.

Stahl vorzuziehen ist. Ein höherer Mangangehalt begünstigt ebenfalls die Festigkeit, er wirkt außerdem durch seinen Einfluß auf den Sauerstoff und den Schwefel des Stahles günstig auf seine Widerstandsfähigkeit gegen Wärmerisse ein. Phosphor und Schwefel erhöhen die Rißgefahr, sie sollen daher auch aus diesem Grund so niedrig wie möglich gehalten werden. Ob das Herstellungsverfahren als solches einen Einfluß auf die Neigung zur Rißbildung hat, ist bisher einwandfrei nicht festgestellt worden. Das Verhalten beim Schwinden und die Neigung zur Rißbildung von saurem und basischem Siemens-Martin-Stahl wird derzeit vom deutschen technischen Ausschuß für Gießereiwesen untersucht. Auf Grund der bisherigen Versuche ist hierüber ein abschließendes Urteil noch nicht zu geben. Vom Grauguß ist zu sagen, daß er infolge seines geringeren Schwindungsvermögens weniger zu Spannungen als Roh- und Stahlguß neigt. Die Spannungen sind bei Grauguß um so geringer, je stärker seine Graphitausscheidung ist, da sie der Schwindung entgegenwirkt. Gußeisen mit einem hohen Siliziumgehalt wird daher, wenn es die mechanischen Anforderungen gestatten, für Gußstücke, die ihrer Form nach zu Spannungen neigen, vorzuziehen sein.

Der Einfluß der Erstarrungs- und Abkühlungsvorgänge auf die Güte des Gußstückes ist, wie die vorstehenden Ausführungen gezeigt haben, groß und mannigfach. In der vorstehenden Tabelle 14 sind die Folgeerscheinungen dieser Vorgänge und die Vorkehrungen dagegen nochmals übersichtlich zusammengestellt. Um die durch sie bedingte Ausschußgefahr auf ein Mindestmaß einzuschränken, ist es auch bei der Festlegung der Form des Gußstückes zu empfehlen, daß Konstrukteur und Gießerei auf das engste zusammenarbeiten.

III. Form- und putzgerechter Entwurf.

Das Gußstück soll nach der Fertigstellung nicht nur fehlerfrei sein, es soll auch mit den geringsten Kosten hergestellt werden können. Der Preis des rohen Gußstückes setzt sich aus dem Geldaufwand für das Schmelzgut und den Kosten für das Formen, das Putzen und die Warmbehandlung zusammen. Die Menge des Schmelzgutes hängt von der Größe der verlorenen Köpfe und der Stärke der Zugaben ab. Welche Bedingungen von dem Konstrukteur und dem Gießer erfüllt werden müssen, damit ein gesunder Guß mit dem geringsten Aufwand an Werkstoff erhalten wird, das ist in dem Abschnitt II besprochen worden. In diesem soll gezeigt werden, worauf der Konstrukteur bei der Formgebung achten muß, damit die Form- und Putzkosten so niedrig wie möglich werden, und worauf der Former beim Einformen sein Augenmerk lenken muß, damit das Gußstück gesund erhalten wird.

A. Rücksichten des Konstrukteurs auf die Gießerei.

Um die Form- und Putzkosten, die sich aus den Kosten für das Modell oder die Schablone und dem Aufwand für das Formen und Putzen zusammensetzen, auf das Mindestmaß zu bringen, muß bei der Festlegung der Form erstens Rücksicht auf das Formverfahren genommen werden, zweitens muß der Einfluß der Form auf die Form- und Putzkosten untersucht werden.

1. Grundregel für die Formgebung. Sie heißt: Größtmöglichste Einfachheit. Gegen diesen Grundsatz wird von den Konstrukteuren vielfach mit Rücksicht auf das angeblich schönere Aussehen des Gußstückes verstoßen, obwohl auch bezüglich der Schönheit des Gußstückes die Regel gilt, daß das einfachste Gußstück das schönste ist. Fig. 83, die eine Mutternhälfte wiedergibt, ist ein Beispiel dafür, welche Fehler von den Konstrukteuren diesbezüglich oft gemacht werden. Sie zeigt in der Ausführung „falsch" die vorgeschriebene Form; es ist ihr rechts die richtige Form gegenübergestellt. Die falsche Ausführung bedingt nicht nur hohe Formkosten, sie ist auch vom gießtechnischen Standpunkt aus zu verwerfen, da sie eine lunkerfreie Herstellung der Mutternhälfte erschwert. Ein weiteres Beispiel ist das Bett einer Werkzeugmaschine (Fig. 84).

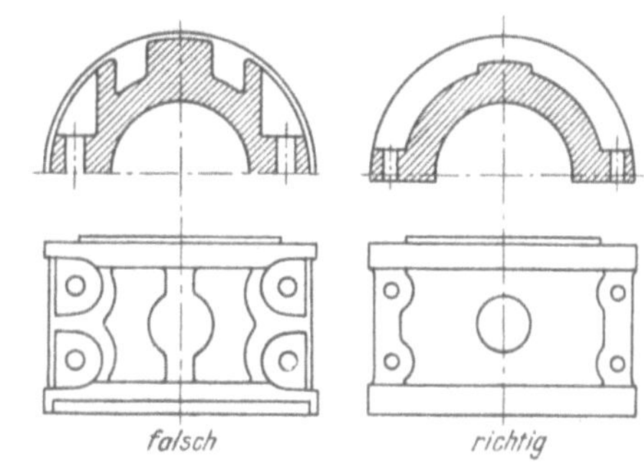

Fig. 83. Mutternhälfte.

2. Anpassung an das Formverfahren. Bei der Anpassung der äußeren Form des Gußstückes an das Verfahren der Einformung spielt die Frage, ob es sich um eine Einzel- oder Massenanfertigung handelt, eine große Rolle. Bei sehr großen Stückzahlen, bei denen die Aufstellung von Sonderformmaschinen in Frage kommt, wird die Form des Gußstückes einen geringen Einfluß auf die Herstellungskosten haben. Ist die Stückzahl aber nur so groß, daß mit den vorhandenen normalen Betriebseinrichtungen gerechnet werden muß, so wird die Form dem Herstellungsverfahren (Hand- oder Maschinenformung) angepaßt werden müssen, und zwar bei großer Stückzahl in stärkerem Ausmaße als bei einer Einzelanfertigung. Fig. 85 ist ein Beispiel dafür, wie durch eine geringfügige Änderung der Form des Gußstückes seine Herstellung auf Formmaschinen ermöglicht wird.

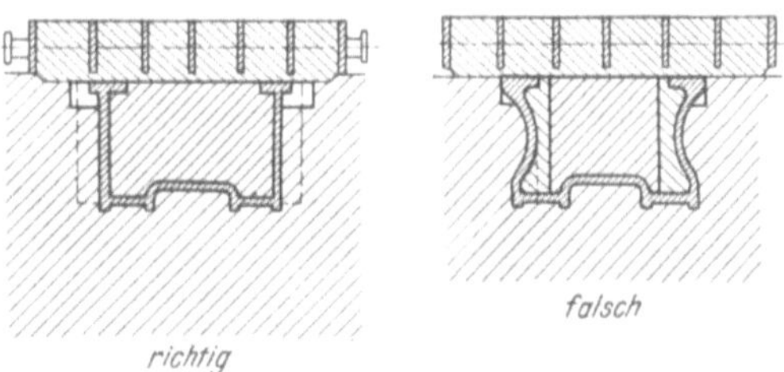

Fig. 84. Bett einer Werkzeugmaschine.

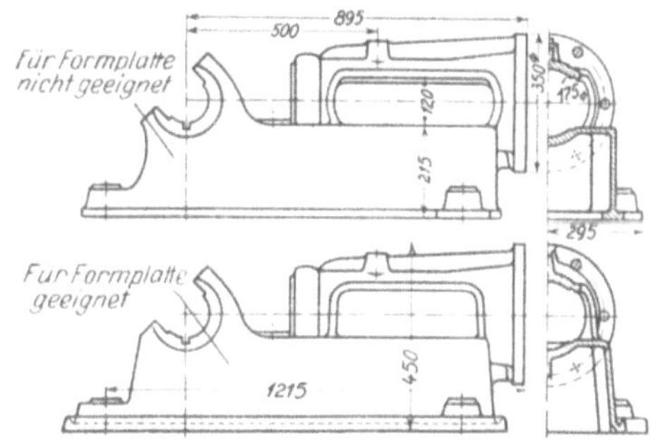

Fig. 85. Gleitbahn eines Kompressors.

Ein Gußstück kann entweder mit Modell oder mit Schablone (Lehre) eingeformt werden[1]). Das Schablonenformen kommt allerdings nur bei jenen Stücken in Frage, deren äußere Form einem Drehkörper entspricht oder deren Form durch die Fortbewegung eines Profiles längs einer Leitlinie hergestellt werden kann. Hat ein Gußstück eine solche Form, daß beide Arten der Einformung möglich sind, so wird die Frage: Lehre oder Modell vom rein wirtschaftlichen Standpunkt aus zu beantworten sein. Bei einfacher Form ohne einspringende Teile an dem Umfange des Gußstückes sind die Kosten der Lehre niedriger als die des Modelles, dafür ist aber der Formerlohn bei Einformung nach Modell geringer als bei Schablonenformung. Sind die Kosten des Modelles a_1, jene der Schablone a_2, und wird bei Modellformung je Stück der Lohn b_1, bei Schablonenformung je Stück der Lohn b_2 gezahlt, so gibt die Gleichung: $a_1/x + x \cdot b_1$

[1]) Näheres siehe Heft 17 dieser Sammlung.

$= a_2/x + x \cdot b_2$ die Stückzahl x wieder, bei der beide Arten der Einformung die gleichen Kosten verursachen. Bei einer größeren Stückzahl als x ist die Modellformung billiger, bei einer kleineren Stückzahl die Schablonenformung. Bei Gußstücken, die am Umfang mehrere Einschnürungen besitzen, wie dies in Fig. 86 beispielsweise wiedergegeben ist, werden bei Modellformung die Formkosten höher sein als bei Schablonenformung, da in diesem Falle bei der Einformung die Vorsprünge des Modelles entweder abnehmbar sein müssen, oder eine weitgehende Unterteilung der Form (2 Teilflächen = 3teiliger Kasten) oder die Anwendung von Kernen in Frage kommt. In solchen Fällen wird die Formgebung durch Schablonen auch bei größeren Stückzahlen vorzuziehen sein. Die Frage „Modell oder Schablone" muß also für jeden Einzelfall nachgeprüft werden.

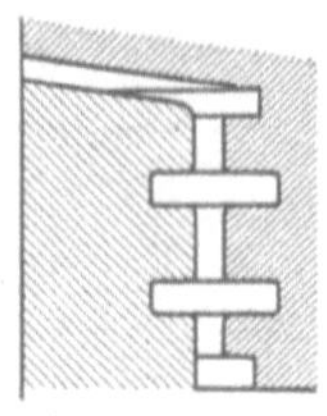

Fig. 86.

Mit Rücksicht auf die hohen Kosten des Modelles soll, wenn es möglich ist, die Form des Gußstückes so gestaltet werden, daß das Modell mit kleinen Änderungen für verschiedene Zwecke verwendet werden kann (Rechts- und Linksmaschinen). Weiter soll die Konstruktion so gewählt werden, daß sie möglichst viele gleichgestaltete Teile enthält, so daß einzelne Modelle für verschiedene Baustücke Verwendung finden können.

Der Konstrukteur muß, gleichgültig, ob das Gußstück nach Schablone oder Modell eingeformt wird, in der Zeichnung, die er der Gießerei zur Ausführung des Gußstückes übergibt, alle notwendigen Maße eintragen, damit Modell oder Lehre einwandfrei hergestellt werden können.

3. Anpassung an die Form- und Putzkosten. Die Höhe der Form- und Putzkosten wird in erster Linie von den Former- und Putzerlöhnen abhängen, die je Gußstück zu zahlen sind. Weiter wird der Aufwand an Formstoffen, Betriebskraft, Erhaltung der Betriebsanlage, Verzinsung und Abschreibung des Anlagekapitals ihre Höhe beeinflussen. Als Regel gilt, daß je einfacher die Form- und Putzarbeit ist, um so geringer auch die Gesamtkosten sein werden. Die Formarbeit zerfällt in die Arbeit des Einstampfens und Heraushebens des Modelles und des Zusammensetzens der Form. Die Putzarbeit besteht in dem Entfernen der verlorenen Köpfe und Grate, der Reinigung von festgebranntem Sand und dem Ausstoßen der Kerne. Um bei diesen Arbeiten mit dem geringsten Aufwand auszukommen, hat der Konstrukteur bei der Festlegung der Form des Gußstückes sich die folgenden Fragen vorzulegen: a) Welchen Einfluß hat die äußere Form auf die Größe des Formkastens und damit auf den Aufwand an Formlohn und Formstoffen? b) Wie ist die Form des Gußstückes zu wählen, damit eine möglichst einfache Teilung des Modelles erreicht wird? c) Welche Form läßt ein einfaches Herausheben des Modelles aus der Form zu? d) Ist Kernarbeit zu vermeiden und wenn nicht, wie kann sie so einfach wie möglich gestaltet werden?

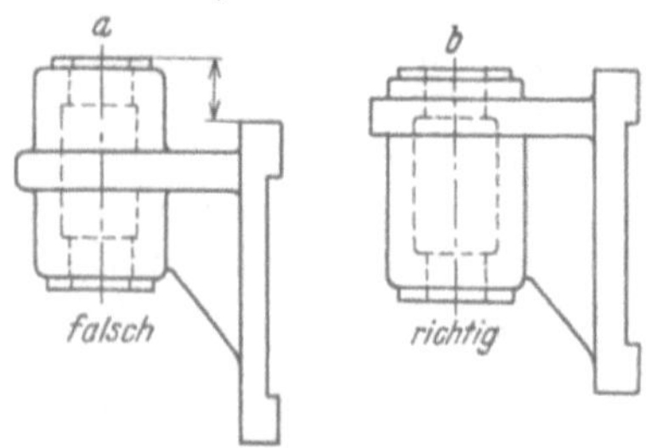

Fig. 87. Sägebock.

a) Einfluß der äußeren Form auf die Formkosten. Die Außenmaße des Gußstückes bedingen die Größe des zu verwendenden Formkastens; sie haben damit einen Einfluß auf die Höhe des Formerlohnes und den Aufwand an Formstoffen. Beim Entwurf des Gußstückes ist vor allem darauf zu achten, daß es nicht nach einer Seite hin unregelmäßig ausgebildet ist, so daß dadurch die Formfläche vergrößert wird. Bei ganz kleinen Gußstücken, von denen mehrere gleichzeitig nebeneinander in einen Formkasten eingeformt werden können, haben die Außenmaße auf die Größe des Formkastens, der verwendet werden muß, keinen oder einen geringen Einfluß. Bei großen Gußstücken, die einzeln eingeformt werden müssen, ist dies jedoch der Fall. Geringfügige Änderungen, die das Gußstück durchaus nicht unbrauchbar machen, können

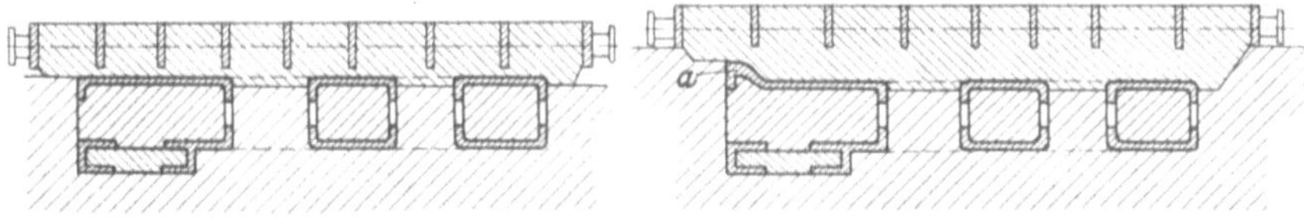

Fig. 88. Hobelmaschinenständer.

dazu führen, daß mit einem kleineren Formkasten das Auslangen gefunden wird. So kann der in Fig. 87a (links) wiedergegebene Lagerbock ohne weiteres nach der Ausführung 87b (rechts) hergestellt werden, die Formarbeit wird dadurch wesentlich billiger werden. Das gleiche gilt von dem Ständer einer Hobelmaschine nach Fig. 88 („falsch"); er kann ohne weiteres ohne den Ansatz a, wie es in der Figur links gezeigt wird, ausgeführt werden; es vereinfacht sich durch die Änderung die Herstellung, da die Modell- und die reinen Formkosten wesentlich geringer werden.

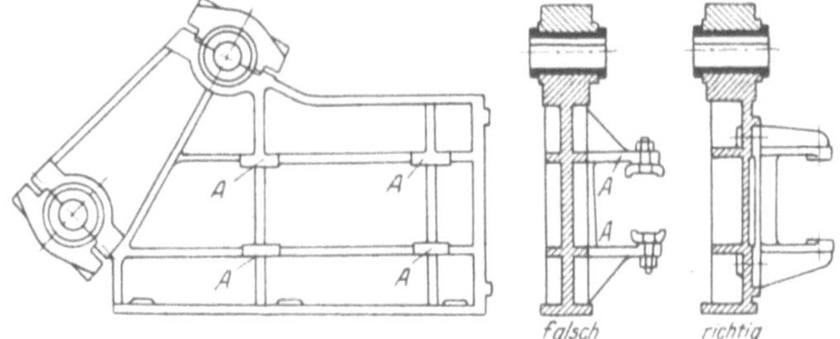

Fig. 89. Maschinenrahmen.

Um die günstigsten Außenmaße eines Gußstückes zu erhalten, wird vielfach seine Teilung zu empfehlen sein. Sie kann neben der Verbilligung der Modellkosten und der Formerlöhne auch noch gewisse technische Vorteile nach sich ziehen. Fig. 89 „falsch" zeigt einen Maschinenrahmen, bei dem die vier Vorsprünge A in einem Stück mit dem Rahmen hergestellt werden sollen. Es wird dadurch nicht nur das Modell und die Fertigstellung der Form verteuert, sie erschweren auch die feste Schwindung des Gußstückes. Wird der Rahmen nach Fig. 89 „richtig" entworfen, wobei die Vorsprünge A abgetrennt sind und er nur mit einer einseitigen Anordnung der Rippen ausgeführt wird, so fallen alle diese Hindernisse fort.

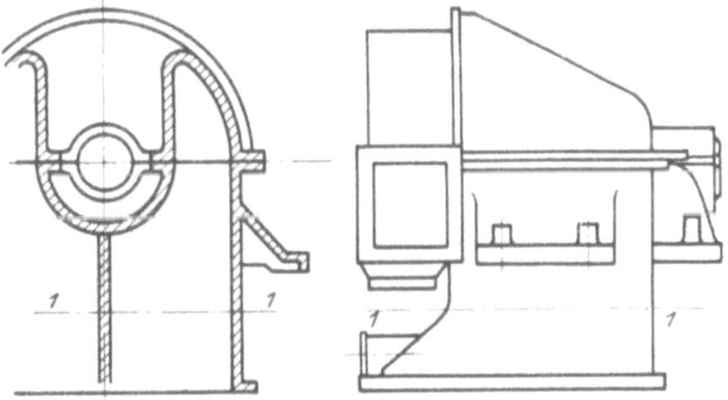

Fig. 90. Turbinengehäuse.

Auch das Turbinengehäuse Fig. 90 läßt sich weitaus billiger herstellen, wenn es nach der Linie 1-÷-1 geteilt wird. Fig. 91 zeigt einen Preßzylinder, bei dem durch eine Teilung nach der Ebene 1-÷-1, durch die der Rückzugzylinder B vom eigentlichen Preßzylinder A getrennt wird, ebenfalls das Modell und die Formarbeit billiger werden. Die Teilung ist in diesem Falle auch noch vom gießtechnischen Standpunkt aus zu empfehlen, da der Zylinder bei der Herstellung in einem Stück nur dann völlig lunkerfrei erhalten werden kann, wenn die Zylinderwandung des unteren Teiles beim Abgießen nach der strichpunktierten Linie in der Figur verstärkt wird.

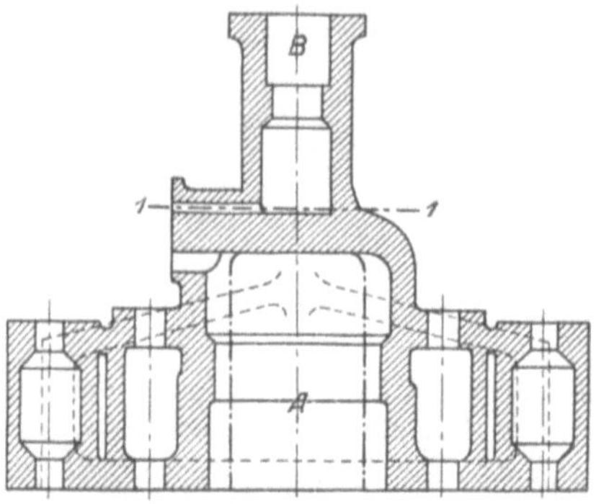

Fig. 91. Preßzylinder.

Die Steifheit der Konstruktion ist allerdings größer, wenn sie soweit wie möglich in einem Stück hergestellt wird. Doch läßt sich bei richtiger Wahl der Teilstellen und der Verwendung breiter Auflagerflächen die Federung, die durch die Teilung herbeigeführt wird, auf ein Mindestmaß einschränken, so daß sie vom Standpunkt der Starrheit der Konstruktion kein Nachteil zu sein braucht.

Bei Massenanfertigung bestimmter Gußstücke wird man, um die Formarbeit zu verbilligen, den Formkasten der Form des Gußstückes anpassen, wie dies beispielsweise bei der Herstellung von Badewannen, Töpfen und anderen Massenartikeln der Fall ist.

b) Teilung der Form. Die Form des Gußstückes soll eine Teilung des Modells in der einfachsten Art ermöglichen. Bei der Teilung der Form ist auch der Lage der Gratkanten das Augenmerk zu schenken. Sie sollen, damit die Putzkosten so gering wie möglich werden, an eine solche Stelle verlegt werden, daß sie der Putzer mit seinen Werkzeugen — es sind dies die Schleifmaschinen, die Feile und der Meißel — mit Leichtigkeit entfernen kann. Eine einfache Teilung wird oft durch eine geringfügige Änderung der äußeren Form ermöglicht werden. Dies zeigen Fig. 92 und 93. Das Modell des in Fig. 92 („falsch") wiedergegebenen Lagers muß bei dieser Ausführung in der Mitte geteilt werden, so daß die Gratkante in die Mitte des Gußstückes fällt. Es muß liegend eingeformt werden. Damit das Modell aus der Form herausgezogen werden kann, müssen die Augen außerdem lose angeordnet sein. Wird dieses Lager in der richtigen Form entworfen (links), so kann es stehend eingeformt werden. In diesem Fall können die Augen an dem Modell fest angeordnet sein. Der Grat, der nun an der Außenseite des Flansches liegt, kann vom Putzer leicht entfernt werden. Ganz gleich sind die Verhältnisse bei dem Bock nach Fig. 93 „Falsch" und „Richtig".

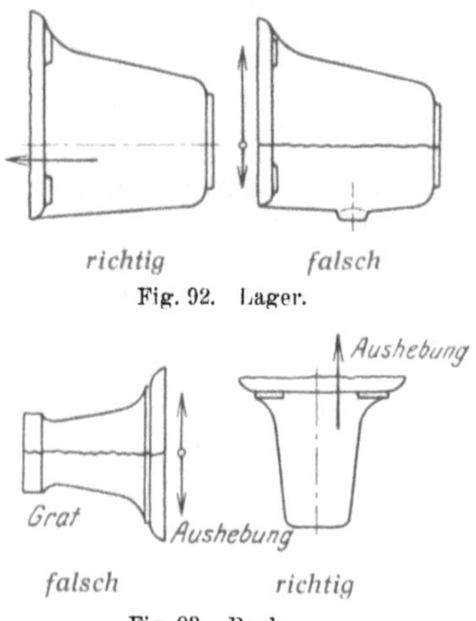

Fig. 92. Lager.

Fig. 93. Bock.

c) Entfernung des Modells aus der Form. Das Gußstück soll eine solche äußere Form haben, daß sich das Modell aus der Form leicht entfernen läßt. Zu diesem Zwecke müssen die Aushebeflächen eine entsprechende Schräge besitzen. Ihre Wahl soll nicht dem Modelltischler überlassen werden, sie soll vielmehr vom Konstrukteur schon in der Zeichnung festgelegt sein. Zweckmäßig wird sie 1 : 20 bis 1 : 30 betragen, nur bei Augen soll sie 1 : 5 sein. Für

Maschinenrahmen ist beispielsweise die in Fig. 94b wiedergegebene Form zu verwenden, da sie gegenüber der Ausführung a die Entfernung des Modelles leichter ermöglicht. T-förmige Querschnitte werden mit Vorteil nach der in Fig. 95 („richtig") angedeuteten Form ausgeführt.

Fig. 94. Maschinenrahmen. Fig. 95. T-Querschnitte.

Die Anschlüsse der Augen-, Wand-, Decken- und Fußplatten an das Gußstück sollen nicht durch einen großen Bogen, sondern durch eine Parabel erfolgen (s. Fig. 5a). Von dem Verein deutscher Ingenieure wurde für den Anschluß von Flanschen an Zylinderkörper die in Fig. 96 wiedergegebene Form als Norm festgelegt.

Augen (Knaggen) und Rippen sollen mit dem Modell fest verbunden sein. Damit dies möglich ist, sollen beispielsweise die Augen nach Fig. 97 „richtig", nicht aber nach „falsch" angeordnet werden. Um die Rippen mit dem Modell fest verbinden zu können, muß ihre Ausführung der Modellteilung angepaßt sein. Von dem Konstrukteur wird im allgemeinen angenommen, daß sie unbedingt in der Mitte liegen müssen. Es ist jedoch ohne Benachteiligung der Festigkeit oder Starrheit des Baustückes möglich, sie auf ein Drittel oder zwei Drittel der Breite zu verlegen.

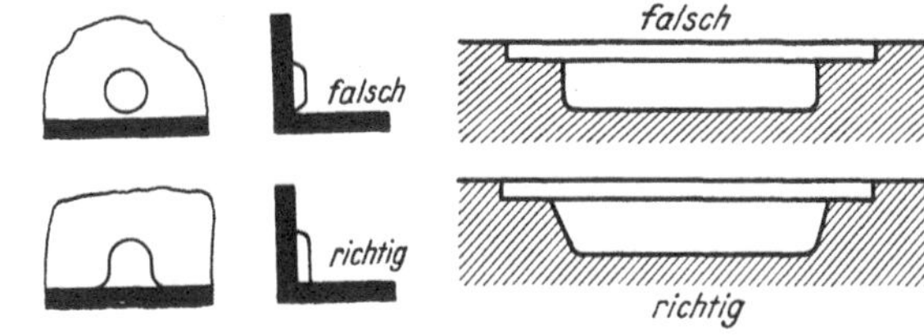

Fig. 96. DIN-Form. Fig. 97. Augen. Fig. 98. Versteifungsrippen.

Versteifungsrippen an Gußstücken sollen mit Rücksicht auf das leichtere Ausheben des Modells aus der Form mit schrägen Stirnflächen ausgeführt werden (Fig. 98).

d) Kernarbeit. Kernarbeit ist nach Tunlichkeit zu vermeiden. Es läßt sich dies oft durch eine geringfügige Änderung der Form des Gußstückes erreichen. Ein Beispiel hierfür gibt die Grundplatte nach Fig. 99. Nach der Ausführung „falsch", bei der die Wandungen senkrecht angeordnet und die Rippen mit Aussparungen versehen sind, kann sie nur mit Hilfe von Kernen eingeformt werden. Bei dieser Ausführung wird sich außerdem die aufzusteckende Warze beim Herausziehen des Modells aus der Form leicht verschieben. Bei der Ausführung „richtig" kann sie ohne Kerne eingeformt werden, da die Rippen keine Aussparungen besitzen und der Flansch nur außen angeordnet ist. Damit die Entfernung des Modells leicht möglich ist, erhalten die Wandungen außerdem innen und außen eine kräftige Neigung, weiter wird die Warze bis zum Flansch verlängert.

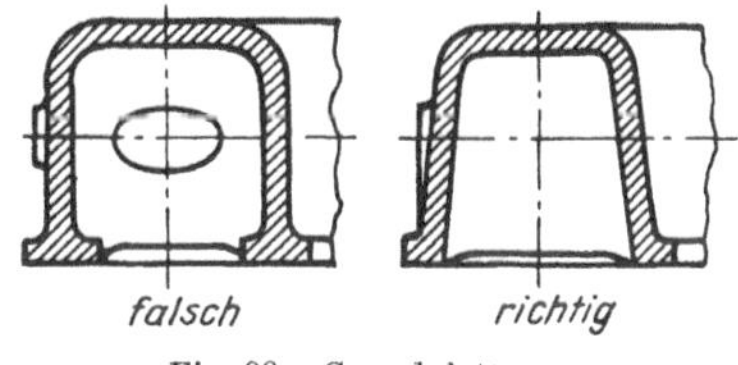

Fig. 99. Grundplatte.

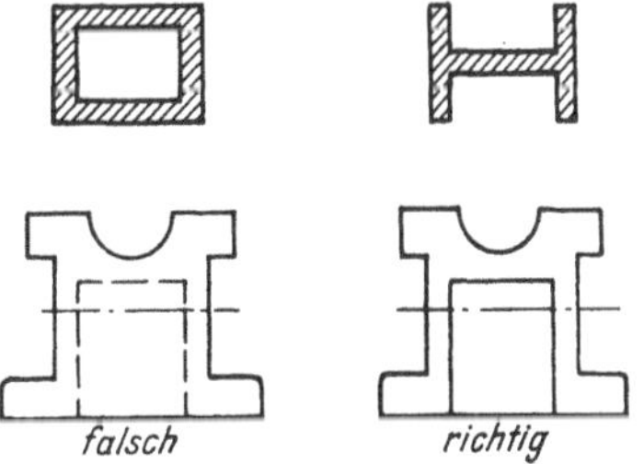

Fig. 100. Lagerbock.

Der Lagerbock nach Fig. 100 „falsch" kann nur mit Hilfe eines Kernes eingeformt werden; wird er nach „richtig" ausgeführt, so entfällt jede Kernarbeit.

Das gleiche gilt für die Kupplung mit angegossener Riemenscheibe, deren falsche und richtige Ausführung Fig. 101 zeigt und für den Kolben nach Fig. 102.

Ist die Ausführung ohne Kern nicht möglich, so muß darauf geachtet werden, daß die Kerne tunlichst ohne Kernstützen in der Form festgelegt werden können. Auch dies ist oft mit einer einfachen Änderung der Form des Gußstückes zu erreichen (s. Fig. 33 u. 34, S. 35 u. 36). Bei allseitig eingeschlossenen Kernen kann der Kern ohne Stütze nur dadurch festgelegt werden, daß in den Wandungen Öffnungen zugelassen werden, in denen der Former den Kern durch sog. Lehmstützen festhält. Sie sind schmiede- oder gußeiserne Rundstäbe, die an den Stellen, an denen sie mit dem flüssigen Eisen in Berührung kommen, mit Lehm bestrichen sind. Das Loch, das durch sie im Gußstück zurückbleibt, muß dann auf irgendeine Art verschlossen werden. Der Querschnitt dieser Löcher darf nicht zu klein sein; es ist außerdem darauf zu achten, daß sie nicht an Stellen liegen, wo ein Anschnitt angeordnet werden muß. Die Löcher ermöglichen auch eine leichte Entfernung des Kernes, sie vereinfachen die Putzarbeit. Fig. 103 zeigt an einem Dampfzylinder eines 3-t-Hammers, wie solche Kernlöcher anzuordnen sind.

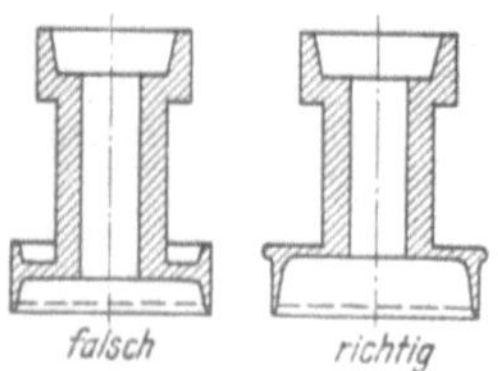

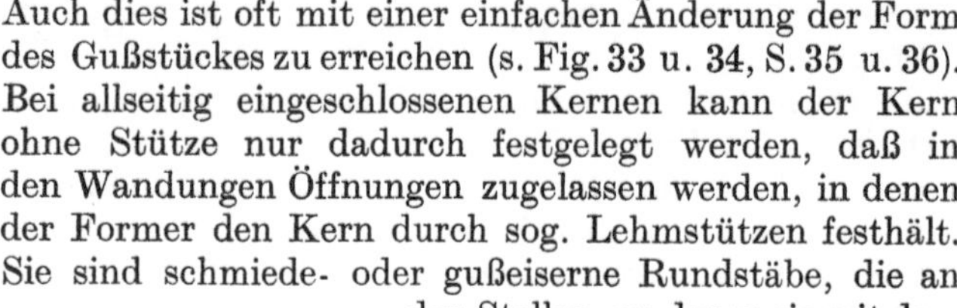

Fig. 101. Riemenscheibe.

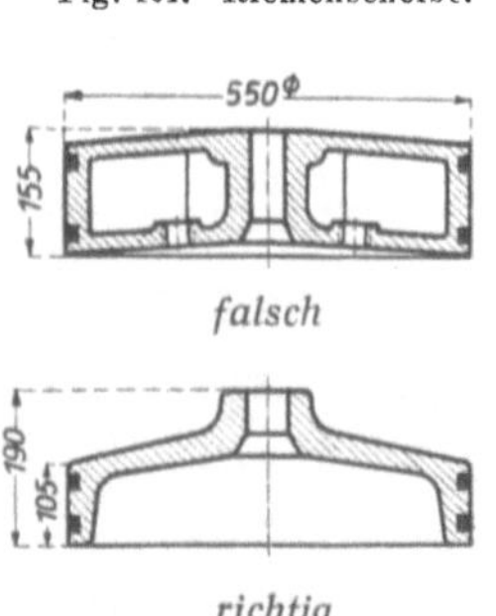

Fig. 102. Kolben.

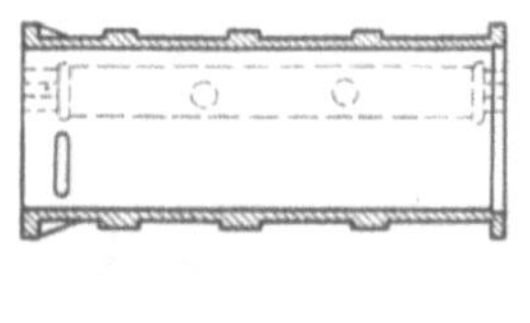

Fig. 103. Dampfzylinder.

Die Kernarbeit soll möglichst vereinfacht werden. Das ist auch vielfach durch kleine Formänderungen zu erreichen. Ein Beispiel hierfür ist das Zwischenstück des Luftkompressors (Fig. 104). Werden die Rippen der Innenwandung statt in T-Form so ausgeführt, wie es in der Figur gestrichelt eingezeichnet ist, so wird die Entfernung des Modelles bei der Herstellung des Kernes wesentlich

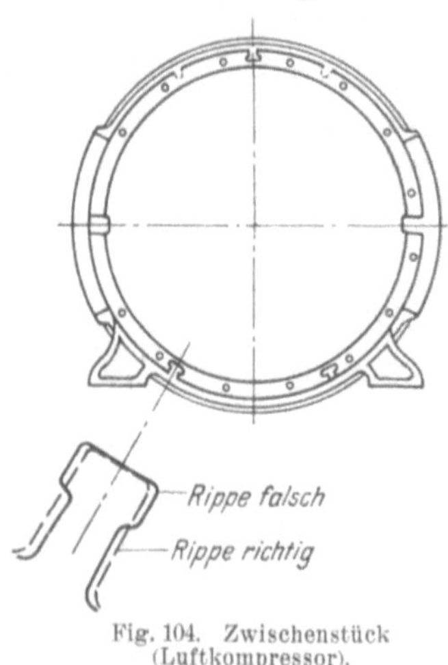

Fig. 104. Zwischenstück (Luftkompressor).

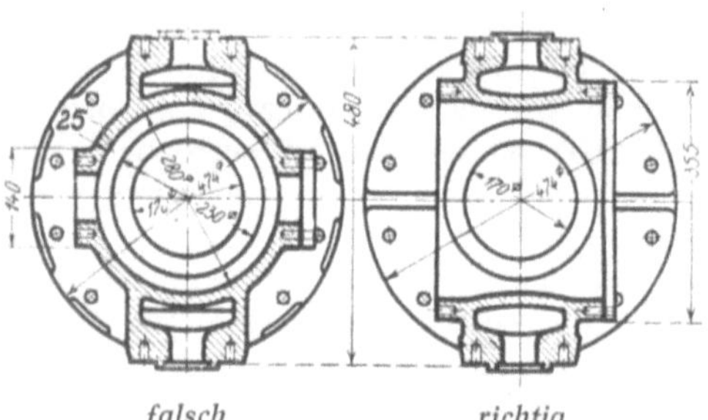

Fig. 105. Zylinder einer Ammoniakkältemaschine.

vereinfacht. Auch bei dem in Fig. 105 wiedergegebenen Zylinder einer Ammoniakkältemaschine wurden die Schwierigkeiten der Kernarbeit durch Änderung der Konstruktion behoben. Die alte Ausführung hatte infolge des geschlossenen Kühlmantels auch noch den Nachteil, daß die Abkühlungsverhältnisse in der

Zylinderwandung sehr ungünstig waren, so daß die Zylinderwandungen porös wurden. Die neue Ausführung ermöglicht eine einfache, billige und einwandfreie Herstellung.

In manchen Fällen wird sich die Kernarbeit durch eine Teilung des Gußstückes erleichtern lassen. Fig. 106, Zylinderdeckel einer Ammoniakkältemaschine, ist ein Beispiel hierfür. Bei dem ungeteilten Gußstück ergab nicht nur die schwierige Kernarbeit Ausschuß, sondern auch die ungünstigen Abkühlungsverhältnisse und die schlechte Abfuhr der Luft, die zu Undichtigkeiten im Gußstück führten. Durch die Teilung wurden auch diese Schwierigkeiten behoben.

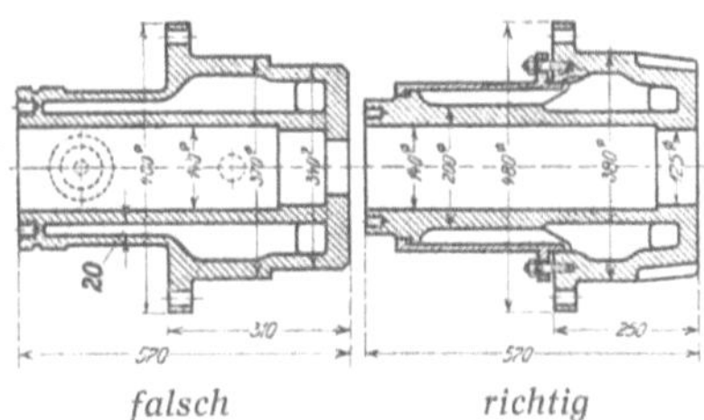

Fig. 106. Zylinderdeckel und Stopfbüchse einer Ammoniakkältemaschine.

Bei der Festlegung der Form des Gußstückes ist weiter darauf zu achten, daß die Kerne ohne große Schwierigkeiten in die Form eingelegt werden können. Wird der Dampfeintrittsstutzen eines Fördermaschinenzylinders nach Fig. 107 „falsch" entworfen, so muß die Form nach *ab* geteilt werden, weil der Kern von 590 mm Durchmesser nicht durch die engste Stelle der Form von 520 mm Durchmesser hindurchgeht. Wird er nach Fig. 107 „richtig" ausgeführt, so fallen diese Schwierigkeiten fort. Gleichzeitig ist der bei „falsch" angegossene Krümmer abgetrennt worden, da sich dadurch die Formarbeiten wesentlich vereinfachen. Der gleiche Fehler liegt bei dem Mitteldruckdampfzylinder für einen Luftkompressor vor (Fig. 108). Wird er nach der voll gezeichneten Ausführung vorgeschrieben, so muß die Form bei *A—A* geteilt werden, damit der Kern eingelegt werden kann. Werden seine Maße nach der gestrichelten Ausführung festgelegt, so ist die ungeteilte Ausführung möglich.

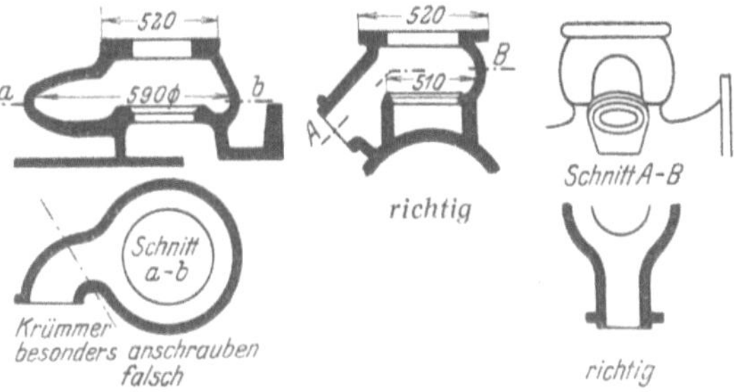

Fig. 107. Dampfeintrittsstutzen.

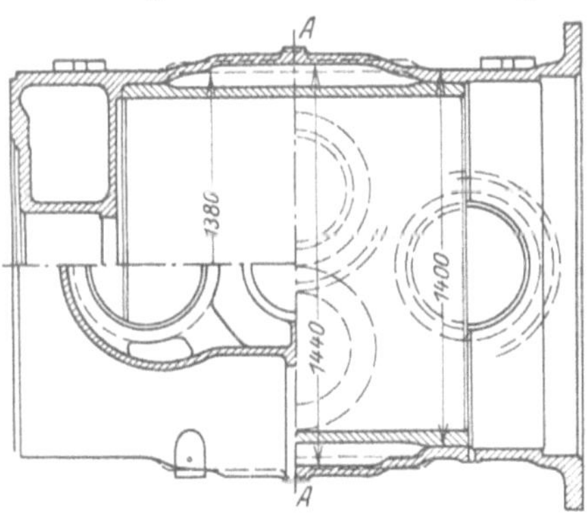

Fig. 108. Mitteldruckdampfzylinder.

Das Zusammentreffen mehrerer Kerne im Gußstück ist zu vermeiden. Ihre äußere Form soll tunlichst so sein, daß sie auf Formmaschinen hergestellt werden können.

Mit Rücksicht auf die Kernarbeit ist die Lage der eingegossenen Löcher zu beachten. Sie muß so gewählt werden, daß sich die Lochkerne gut und leicht einlegen lassen. Naben mit einer Keilnut, die stark auszubohren sind, müssen an der Außenseite eine entsprechende Verstärkung erhalten (Fig. 109).

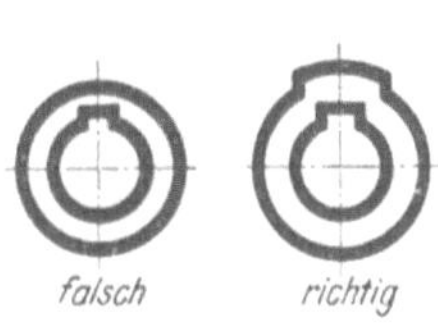

Fig. 109.

B. Vorkehrungen des Formers.

Über die Vorkehrungen, die der Former zu treffen hat, damit der Ausschuß, der durch Fehler beim Formen verursacht wird, auf ein Mindestmaß eingeschränkt wird, unterrichten die „falsch und richtig" DATSch-Lehrtafeln[1]). Tabelle GL, GF_2, GF_3 und GK. Fig. 110 u. 111 geben einen Auszug aus ihnen wieder. Der Former hat vor allem darauf zu achten, daß das Modell in Ordnung ist. Es müssen seine Dübel gut passen; damit dies der Fall ist, müssen sie von der Teilfuge an zuerst zylindrisch und dann kegelig sein. Die Dübellöcher dürfen nicht zu seicht und zu eng sein. Die Schwalbenschwanzführungen der losen Modellteile müssen gut verjüngt hergestellt werden, da sonst beim Herausnehmen des Modelles die Führung klemmt und dadurch die Form beschädigt wird. Sind an einer Seite des Modelles mehrere Teile anzustecken, so sollen sie auf einer gemeinsamen Führung befestigt sein. Nur bei dieser Ausführung ist beim Formen eine Maßhältigkeit dieser Teile zueinander zu erreichen. Um das Modell beim Losschlagen nicht zu beschädigen, muß es Losschlag- und Aushebeeisen haben. Es muß ferner, damit es nicht unregelmäßig schwindet, aus mehreren Teilen zusammengebaut sein, dabei ist auf einen möglichst gleichartigen Verlauf der Maserung des Holzes in den einzelnen Teilen zu achten. Kernmarken dürfen nicht stumpf angenagelt werden, da sie sich sonst beim Aufstampfen lösen oder schiefstellen. Sie müssen entweder in einem Stück in dem Modelle eingelassen oder mit angedrehten auswechselbaren Zapfen eingeschraubt sein; nur in diesem Falle bleiben sie beim Einformen fest und gerade. Die Kernkästen, deren Wände durch Schrauben zusammengehalten werden, die in das Hirnholz eines Teiles der Wände gehen, werden beim Stampfen des Kernes auseinander gedrückt, die Schrauben sind daher durch eine Keilverbindung zu ersetzen. Die Modelle sind nach dem DIN-Entwurf 1511 der GINA auszuführen (s. Heft 14 dieser Sammlung S. 21).

Neben dem Modell müssen auch die Formkästen in Ordnung sein. Die Kastenstifte und Kastenführungen müssen ebenso wie die Modelldübel genau passen, soll das Gußstück nicht versetzt ausfallen. Zur Einformung muß der richtige Formstoff Verwendung finden. Es ist in erster Linie auf seine Feuerfestigkeit zu achten, damit Schlackeneinschlüsse durch Aufschmelzen des Formerstoffes oder sein Festbrennen an dem Gußstück vermieden werden. Die Formstoffe müssen sorgfältig aufbereitet werden. Bei Formstoffen für Grauguß, denen in der Regel Kohle beigemischt wird, muß auf das richtige Verhältnis der Kohle zum Formsand geachtet werden. Zu wenig Kohle hat angebrannten Guß zur Folge, zu viel Kohle führt leicht zu blasigem Guß. Auch die Körnigkeit des Sandes ist zu berücksichtigen, grober Sand verschlechtert das Aussehen der Oberfläche. Die Formstoffe müssen beim Aufbereiten entsprechend angefeuchtet sein. Dem richtigen Feuchtigkeitsgehalt ist das größte Augenmerk zu schenken. Beim Einstampfen des Modelles darf weder zu fest noch zu leicht gestampft werden. Beide Fehler haben leicht Ausschuß zur Folge: zu festes Stampfen vermindert die Gasdurchlässigkeit der Form und führt zu blasigem Guß, das zu lockere Stampfen bedingt unter Umständen ein Loslösen des Formstoffes beim Gießen, so daß dadurch Ausschuß entstehen kann. Beim Einformen ist weiter auf die richtige Anordnung der Anschnitte, Trichter und Steiger zu achten. Das Verhältnis der Querschnitte der Trichter, Schlackenläufe und Anschnitte muß richtig gewählt werden (s. Tabelle 10, S. 37). Die Trichter müssen an den richtigen Stellen angeordnet sein, damit einerseits einzelne Teile des Gußstückes leicht frei gemacht werden können,

[1]) Die DATSch-Lehrtafeln entstammen der hochwertigen Lehrmittelsammlung des Deutschen Ausschusses für technisches Schulwesen, Berlin NW 7, Ingenieurhaus, Dorotheenstr. 40. Sie werden in der bekannten Dreifachform — Lehrtafel-Lichtbild-Merkblatt — ausgeführt und können unmittelbar von dieser Stelle bezogen werden.

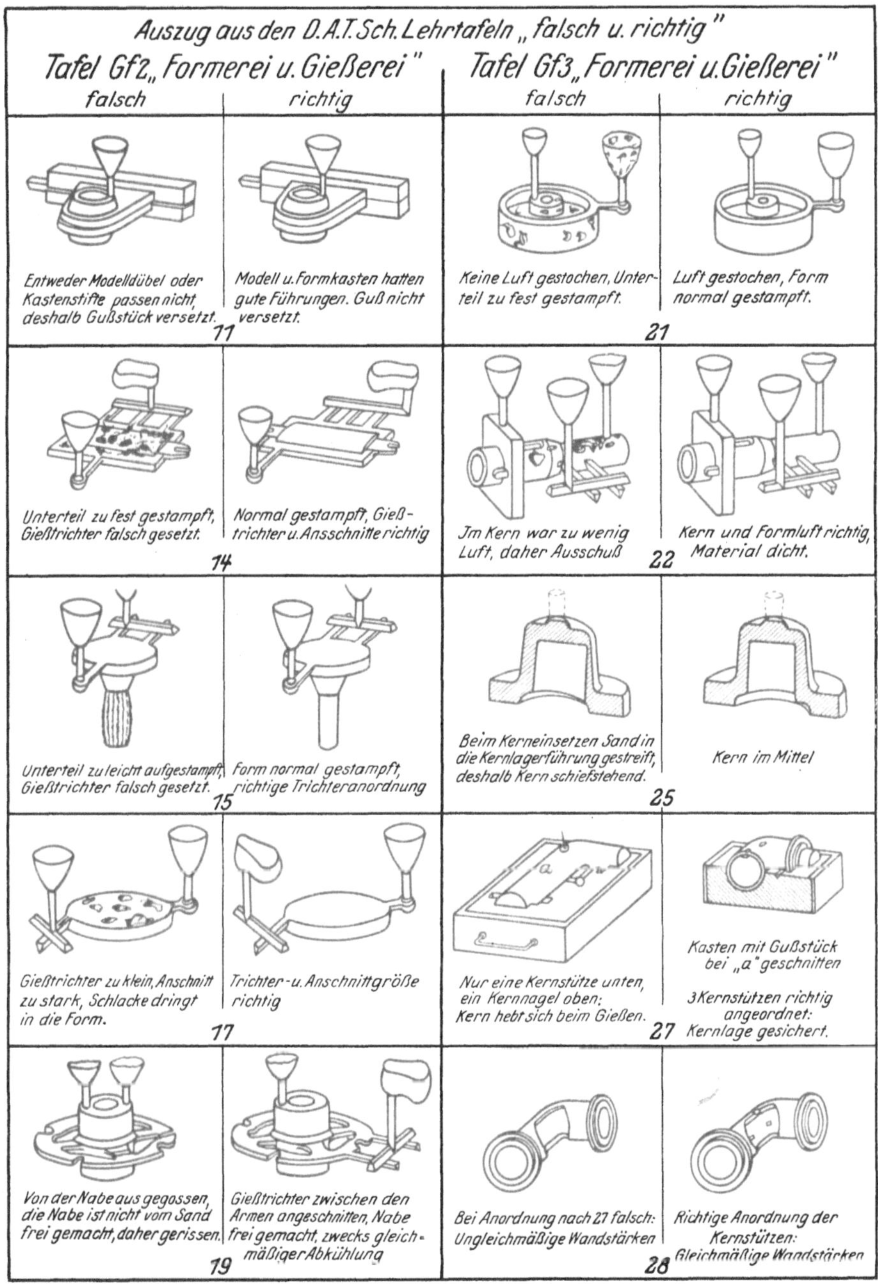

Fig. 110.

andererseits das Gußstück nicht reißt. Die Eingußtrichter werden im allgemeinen an jene Teile angeschlossen, die infolge ihrer Wandstärke zuerst erstarren. Dadurch erhalten sie zum Schluß das heißere Eisen, und es wird dadurch ein gewisser Ausgleich in den Erstarrungsverhältnissen mit den dickwandigeren Teilen herbeigeführt.

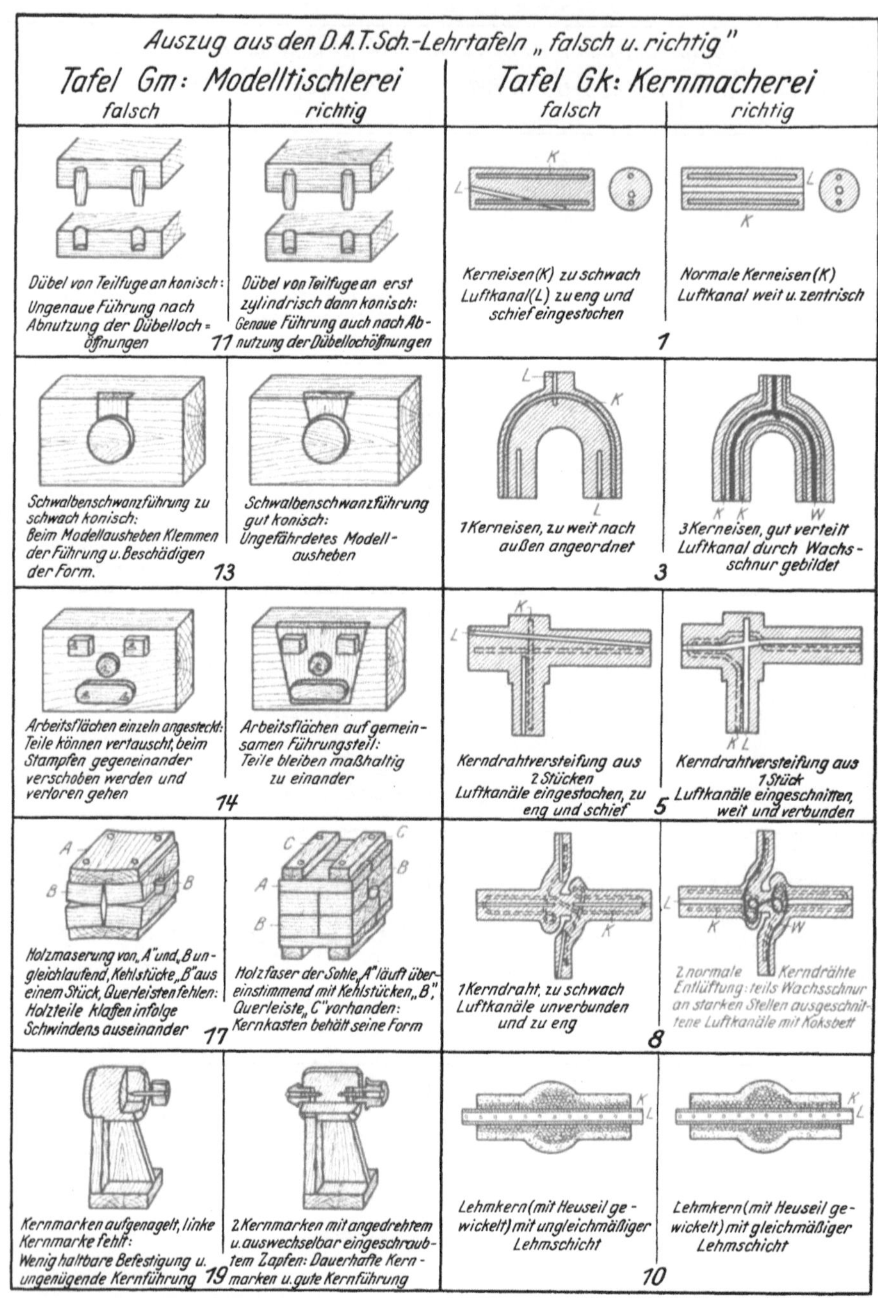

Fig. 111.

Nach dem Formen ist entsprechend Luft zu stechen. Auf die Luftabführung der Kerne ist besonders zu achten, wenn Ausschuß durch Blasenbildung vermieden werden soll. Die Kerne müssen so entlüftet werden, daß kein Eisen in sie eindringen kann. Der Luftkanal der Kerne soll entsprechend weit sein und durch die ganze Länge hindurchgehen. Der Kern muß durch Kerneisen zweckentsprechend versteift werden, damit er die notwendige Festigkeit besitzt. Es müssen die Kerneisen in den Kernen gleichmäßig verteilt werden. Beim Einsetzen der Kerne ist darauf zu achten, daß nicht Sand in die Kernlagerführung gestreift wird. Geschieht dies, so steht der Kern schief, was Ausschuß zur Folge haben kann. Kommen Kernstützen in Anwendung, so muß richtig abgestützt werden, damit der Kern nicht aufgehoben wird, wodurch ungleichmäßige Wandstärken entstehen. Beim Zusammensetzen der Form ist darauf zu achten, daß Ober- und Unterkasten nicht verdreht aufeinandergesetzt werden. Beim Abguß darf die Temperatur des Schmelzgutes nicht zu niedrig sein, da sonst Kaltschweißstellen am Gußstück auftreten.

IV. Rücksicht des Konstrukteurs auf die Kaltbearbeitung mit Schneidwerkzeugen (Werkzeuggerechter Entwurf).

Die meisten der Gußstücke werden nach dem Abgießen und Putzen auch noch auf Werkzeugmaschinen bearbeitet, bevor sie ihre Aufgabe erfüllen können. Bei all diesen Gußstücken ist von dem Konstrukteur bei der Formgebung auch diese Bearbeitung in Betracht zu ziehen. Unter Benutzung der von der Firma Krupp-Gruson zusammengestellten „Winke für den Konstrukteur" ist in dieser Hinsicht auf das Folgende aufmerksam zu machen:

Befestigungsschrauben für Flanschen an Gußteilen sind so anzuordnen, daß zwischen den Wandungen bzw. Verstärkungsrippen und den Schraubenköpfen oder Muttern auch bei ungenau ausgefallenem Guß ein genügend großer Abstand a vorhanden ist (Fig. 112 „falsch" und „richtig"). Ist der Abstand zu klein, so müssen die Auflageflächen für die Schraubenköpfe und -muttern mit Bohrmessern nachbearbeitet werden, die bei dieser Arbeit leicht einhaken und abbrechen.

Um das Aufspannen mancher Gußstücke auf den Tischen der Bearbeitungsmaschinen zu erleichtern, sind an geeigneten Stellen Knaggen u. dgl., die nach der Bearbeitung wieder entfernt werden können, anzuordnen (Fig. 113 „falsch" und

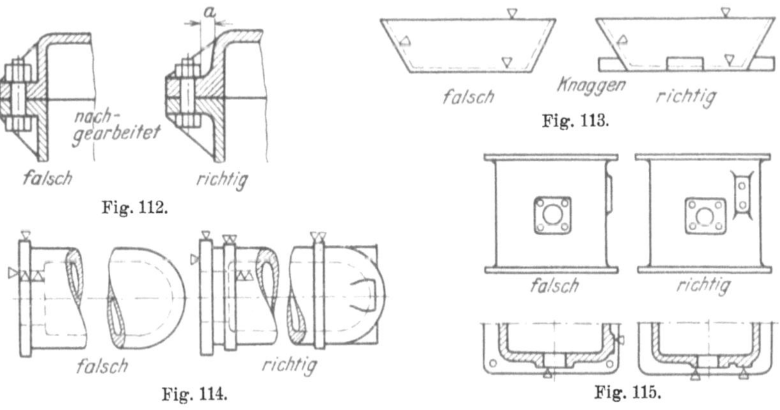

Fig. 112. Fig. 113. Fig. 114. Fig. 115.

„richtig"). Handelt es sich um schwere Eisen- oder Stahlgußteile, die auf der Drehbank zu bearbeiten sind, so ist auf ein bequemes und sicheres Aufspannen ganz besonders zu achten und in schwierigen Fällen der Entwurf der Werkstatt vorzulegen. So erhält beispielsweise ein Preßzylinder nach Fig. 114 „falsch" und „richtig" zur Zentrierung am Kopfe Knaggen und am Umfang Bunde zur Führung in den Lünetten. Um die Fräs- und Hobelmaschinenarbeit zu erleichtern, sollen die Arbeitsleisten möglichst nur an einer und nicht an zwei Ebenen, die im Winkel zueinanderstehen, angeordnet werden (Fig. 115 „falsch" und „richtig"). Es wird dadurch das Umspannen vermieden und die Bearbeitungszeit verkürzt. Weiter wird die Bearbeitung und das Nachprüfen der Bearbeitungsflächen dadurch erleichtert, daß alle Bearbeitungsflächen tunlichst in der gleichen Höhe sitzen.

Arbeitsflächen, die schräg zueinander liegen, erfordern umständliches Ausrichten des Werkstückes; sie sind möglichst durch parallel oder senkrecht zueinander liegende Flächen zu ersetzen. In beiden Fällen können sie ohne Umspannen bearbeitet werden (Fig. 116 „falsch" und „richtig"). Flanschen und Füße, die an Gehäusen

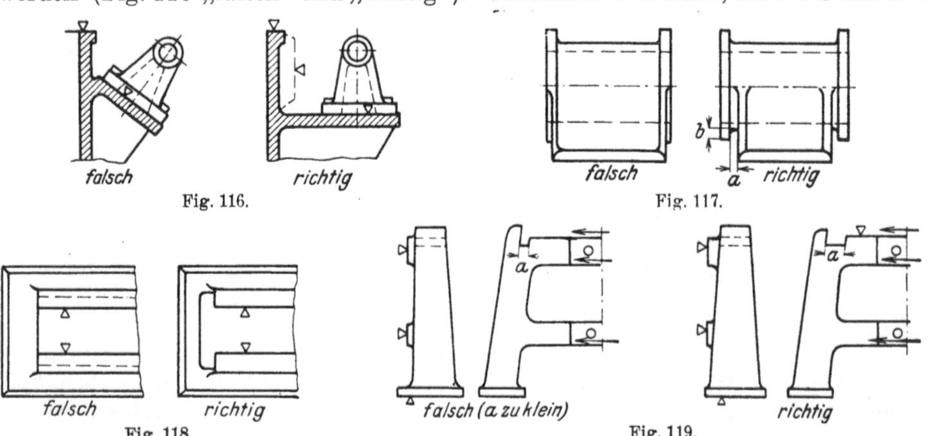

Fig. 116. Fig. 117.

Fig. 118. Fig. 119.

angebracht sind, sollen nicht ineinander übergehen, damit die Flanschen zur Not auf der Drehbank nachgearbeitet werden können; sonst müssen sie behauen werden (Fig. 117). Bei der Trennung der Füße von den Flanschen muß das Maß *a* mindestens 30 mm betragen, sollen Kerne vermieden werden. Um Flächen der Gußkörper auf Hobel-, Fräs- und Stoßmaschinen bearbeiten zu können, ist dafür zu sorgen, daß die zu bearbeitenden Flächen den notwendigen Auslauf für die Werkzeuge haben (Fig. 118 und 119). Flächen an Drehkörpern, die unbearbeitet bleiben sollen, sind kräftig abzusetzen, an kleineren und mittleren Gußteilen mindestens 8 mm, an größeren 10÷15 mm, an Stahlgußteilen 12÷18 mm. Der Drehstahl muß bei unrund ausgefallenen Abgüssen auf dem ganzen Umfang freien Auslauf haben (Fig. 120).

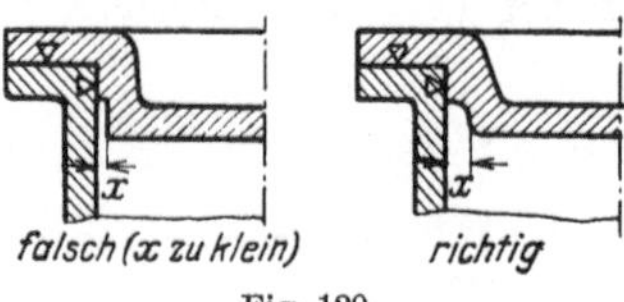

Fig. 120.

Das lästige und zeitraubende Auswechseln der Werkzeuge an den Maschinen läßt sich zuweilen durch kleine Konstruktionsänderungen stark einschränken. Kästen wie Fig. 121 (Räder-, Spindelkästen u. dgl.) haben häufig Bohrungen *A*, *B*, *C*, *D*, die oft nur geringe Unterschiede im Durchmesser aufweisen. Ihre Herstellung am Bohrwerk wird sehr erleichtert, wenn sie im Durchmesser gleichgehalten werden. Die notwendigen Unterschiede für die Lagerzapfen können durch die Wandstärken der Büchsen erreicht werden.

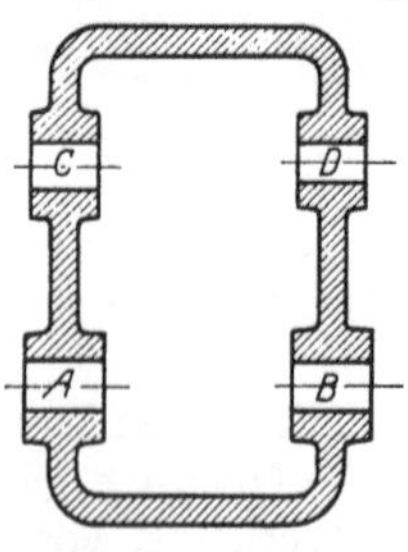

Fig. 121. Kasten.

Auch erhebliche Schwierigkeiten in der Bearbeitung des Gußstückes lassen sich oft durch geringfügige Änderungen in der Konstruktion des Gußstückes beheben. Ein Beispiel hierfür ist der Lagerdeckel für Reihenfertigung Fig. 122. Bei der Ausführung nach der linken Seite des Bildes mußte, im Falle der Lagerdeckel mit Kern gegossen wurde, die vorgegossene Bohrung auf dem Bohrwerk ausgebohrt werden, da der Bohrer an der Senkrecht-Bohrmaschine häufig seitlich verlief. Diese Bearbeitungsweise war teuer. Goß man den Lagerdeckel ohne Kern, so war wohl eine Bearbeitung unter der Bohrmaschine möglich, doch traf man dabei sehr oft auf Lunkerstellen. Die Ausführung nach der rechten Seite der Figur ergab eine Verbilligung der Bearbeitung und Vermeidung des Lunkers.

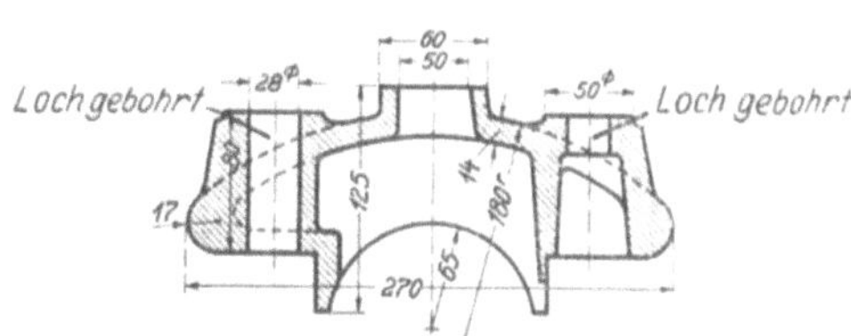

Fig. 122. Lagerdeckel für Serienfabrikation.

Der Bearbeitungszugabe ist, wie schon bei der festen Schwindung gesagt wurde, ebenfalls das größte Augenmerk zu schenken. Sie ist mit Rücksicht auf das Verziehen des Holzmodelles oder des Gußstückes beim Erkalten entsprechend festzulegen. Ist die Zugabe zu gering, so wird der Schneidstahl, der Senker oder Fräser nur die harte Gußhaut anschneiden, wodurch der Werkzeugverbrauch hoch, das Aussehen des fertigen Gußstückes häßlich wird; ist sie zu groß, so ist unnötige Schneidarbeit zu leisten, die Geld und Zeit kostet.

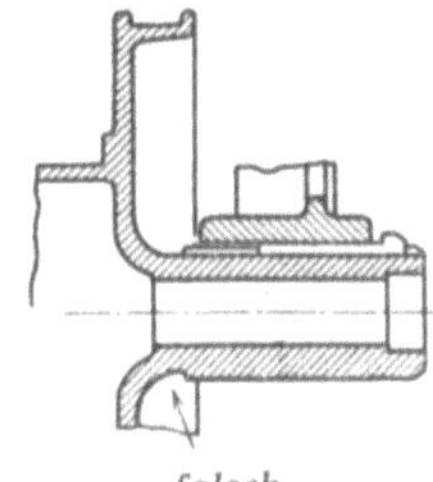

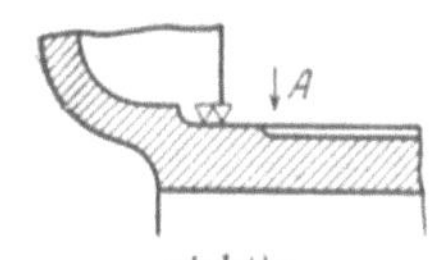

Fig. 123. Trommel einer Schiffsladewinde.

Mit Rücksicht auf die nachfolgende Bearbeitung wird dem Gußstück manchmal eine Form gegeben, die seine Einformung erschwert. Bei manchen dieser Fälle wird sich jedoch eine Lösung finden lassen, die sowohl den Anforderungen des Formers als auch jenen der Bearbeitungswerkstätte gerecht wird. Ein Beispiel hierfür gibt die in Fig. 123 wiedergegebene Trommel einer Schiffsladewinde[1]). Mit Rücksicht auf die Bearbeitung der Nabe hatte sie der Konstrukteur nach Fig. 123 „falsch" entworfen. Diese Ausführung ist für den Former ungünstig, da sie das Ausheben des Modelles aus der Form erschwert. Wird ihre Form nach Fig. 123 „richtig" festgelegt, so fällt diese Schwierigkeit fort, ohne daß die Bearbeitung der Nabe ungünstig beeinflußt wird, denn die Nut für den Keil kann leicht mit einem scheibenförmigen Nutenfräser eingefräst werden. Sie kann aber auch, falls vorher bei A ein Loch gebohrt wird, ausgestoßen werden.

Mit Rücksicht auf die folgende Bearbeitung wird manchmal auch eine Teilung des Gußstückes zu empfehlen sein. So wird es beispielsweise vom Vorteil sein, wenn bei dem Pumpenkörper Fig. 124 die Lagerkonsole von dem Hauptkörper getrennt wird[2]). Es wird dadurch sowohl die Bearbeitung,

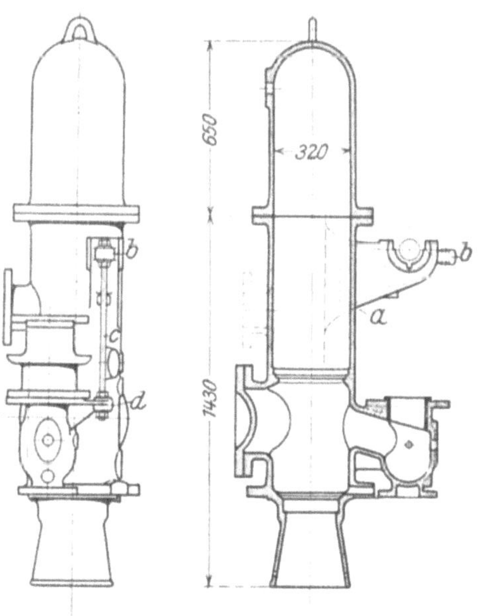

Fig. 124. Pumpenkörper.

[1]) WT. 1923, S. 233.
[2]) WT. 1909, S. 300.

als auch das Formen vereinfacht. Bei der Herstellung des Gußstückes in einem Stück bereitet nicht nur die Teilung des Modelles Schwierigkeiten, sondern es ist auch der Kern in der Konsole unvollkommen festgelegt, da er nur bei *a* durch eine Kernmarke gehalten werden kann. Es kann daher die Konsole in dem fertigen Gußstück leicht schief stehen, so daß die Bearbeitung der Bohrung der Lagerschalen erschwert wird, weiter werden dann die Ansätze *b* (Konsole) und *d* (Pumpenkörper), durch die eine gemeinsame Spannschraube geführt werden soll, kaum genau übereinanderstehen, so daß auch dadurch Unannehmlichkeiten entstehen. Durch eine Trennung der Konsole von dem Pumpenkörper fallen all diese Schwierigkeiten fort.

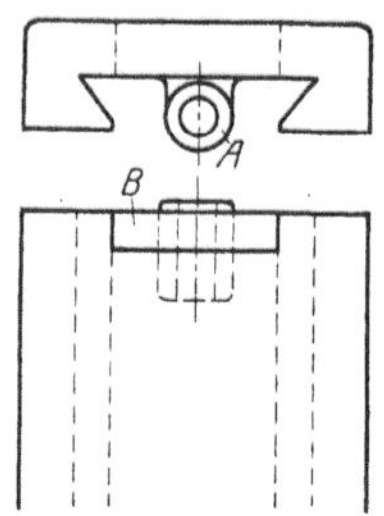

Fig. 125. Schlitten.

Bei dem Schlitten nach Fig. 125 empfiehlt es sich, das Augenlager *A* gesondert herzustellen und es etwa mit dem Flansch *B* anzuschrauben. Wird es mit dem Schlitten in einem Stück hergestellt, so wird die Bearbeitung der prismatischen Führung durch Hobeln oder Fräsen Schwierigkeiten bereiten.

Der Konstrukteur wird beim Entwurf von neuen Gußstücken nicht immer in der Lage sein, zu beurteilen, ob ihre Form den Anforderungen entspricht, die an sie wegen der „Kaltbearbeitung“ zu stellen sind. Es wird daher notwendig sein, daß er vor der Festlegung der Ausführungsform nicht nur die Gießerei, sondern auch die Werkstätte von dem Entwurfe in Kenntnis setzt, überhaupt mit beiden Stellen auf das engste zusammenarbeitet.

Das technische Eisen. Konstitution und Eigenschaften. Von Prof. Dr.-Ing. **Paul Oberhoffer,** Aachen. Zweite, verbesserte und vermehrte Auflage. Mit 610 Abbildungen im Text und 20 Tabellen. X, 598 Seiten. 1925. Gebunden RM 31.50

Das Gußeisen. Seine Herstellung, Zusammensetzung, Eigenschaften und Verwendung von **Joh. Mehrtens.** Mit 15 Textfiguren. (Werkstattbücher, Heft 19.) 66 Seiten. 1925. RM 1.80

Die Windführung beim Konverterfrischprozeß. Von Prof. Dr.-Ing. **Hayo Folkerts,** Aachen. Mit 58 Textabbildungen und 34 Tabellen. VI, 160 Seiten. 1924. RM 13.20; gebunden RM 14.10

Der basische Herdofenprozeß. Eine Studie von Ing.-Chemiker **Carl Dichmann.** Zweite, verbesserte Auflage. Mit 42 Textfiguren. VIII, 278 Seiten. 1920. RM 12.—

Die Leistung des Drehstromofens. Von Dr.-Ing. **J. Wotschke.** Mit 23 Textabbildungen. VI, 69 Seiten. 1925. RM 5.10

Probenahme und Analyse von Eisen und Stahl. Hand- und Hilfsbuch für Eisenhütten-Laboratorien. Von Prof. Dipl.-Ing. **O. Bauer** und Prof. Dipl.-Ing. **E. Deiß.** Zweite, vermehrte und verbesserte Auflage. Mit 176 Abbildungen und 140 Tabellen im Text. VIII, 304 Seiten. 1922. Gebunden RM 12.—

Die praktische Nutzanwendung der Prüfung des Eisens durch Ätzverfahren und mit Hilfe des Mikroskopes. Kurze Anleitung für Ingenieure, insbesondere Betriebsbeamte. Von Dr.-Ing. **E. Preuß** †. Zweite, vermehrte und verbesserte Auflage, herausgegeben von Prof. Dr. **G. Berndt,** Privatdozent an der Technischen Hochschule zu Charlottenburg, und **A. Cochius,** Ingenieur, Leiter der Materialprüfungsabteilung der Fritz Werner A.-G., Berlin-Marienfelde. Mit 153 Figuren im Text und auf einer Tafel. VIII, 124 Seiten. 1921. Gebunden RM 3.50

Vita-Massenez, Chemische Untersuchungsmethoden für Eisenhütten und Nebenbetriebe. Eine Sammlung praktisch erprobter Arbeitsverfahren. Zweite, neubearbeitete Auflage von Ing.-Chemiker **Albert Vita,** Chefchemiker der Oberschlesischen Eisenbahnbedarfs-A.-G., Friedenshütte. Mit 34 Textabbildungen. X, 198 Seiten. 1922. Gebunden RM 6.40

Blöcke und Kokillen. Von **A. W.** und **H. Brearley.** Deutsche Bearbeitung von Dr.-Ing. **F. Rapatz.** Mit 64 Abbildungen. IV, 142 Seiten. 1926.
Gebunden RM 13.50

Die Konstruktionsstähle und ihre Wärmebehandlung. Von Dr.-Ing. **Rudolf Schäfer.** Mit 205 Textabbildungen und 1 Tafel. VIII, 370 Seiten. 1923.
Gebunden RM 15.—

Die Werkzeugstähle und ihre Wärmebehandlung. Berechtigte deutsche Bearbeitung der Schrift „The heat treatment of tool steel" von **Harry Brearley,** Sheffield. Von Dr.-Ing. **Rudolf Schäfer.** Dritte, verbesserte Auflage. Mit 226 Textabbildungen. X, 324 Seiten. 1922. Gebunden RM 12.—

Die Edelstähle, ihre metallurgischen Grundlagen. Von Dr.-Ing. **F. Rapatz.** Mit 93 Abbildungen. VI, 219 Seiten. 1925. Gebunden RM 12.—

Die Einsatzhärtung von Eisen und Stahl. Berechtigte deutsche Bearbeitung der Schrift „The Case Hardening of Steel" von **Harry Brearley,** Sheffield. Von Dr.-Ing. **Rudolf Schäfer.** Mit 124 Textabbildungen. VIII, 250 Seiten. 1926.
Gebunden RM 19.50

Moderne Metallkunde in Theorie und Praxis. Von Ober-Ing. **J. Czochralski.** Mit 298 Textabbildungen. XIII, 292 Seiten. 1924.
Gebunden RM 12.—

Lagermetalle und ihre technologische Bewertung. Ein Hand- und Hilfsbuch für den Betriebs-, Konstruktions- und Materialprüfungsingenieur. Von Ober-Ing. **J. Czochralski** und Dr.-Ing. **G. Welter.** Zweite, verbesserte Auflage. Mit 135 Textabbildungen. VI, 117 Seiten. 1924. Gebunden RM 4.50

Selbstkostenberechnung in der Gießerei. Grundsätze, Grundlagen und Aufbau mit besonderer Berücksichtigung der Eisengießerei. Von **Ernst Brütsch.** Mit 6 Tabellen. VI, 70 Seiten. 1926. RM 4.80